10天采收懒人芽菜园

好吃好玩

种子盆栽

董淑芬 著

河南科学技术出版社

·郑州·

每天都要吃芽菜

出了好几本关于植物的书之后，很多喜爱园艺生活的读者热烈回应，羡慕我的花园生活。当然也很难相信我的小花园，怎么可以变出那么多植物！不管是蔬菜、香草、花卉……甚至自家果树所做出来的果酱，以及春天梦幻般的蔷薇拱门。这没有个几百坪（1坪约合3.3平方米）的土地，怎么可能完成梦想？可是，我真的只有10坪可栽种的土地！

想吃到自己亲手栽种的蔬果，是一定要等到拥有一块地，才能实现的梦想吗？这次无论如何，我一定要实现你们的梦想，没有土地没关系，没有太阳不要紧。更糟的，连花盆也没有的，那锅碗瓢盆也可以。

只要有种子，就可以在室内甚至是办公室里耕耘一片小菜园。

开始研究这片室内小菜园时，房子里每天都像被炮弹击中般的混乱。窗边、厨房、桌子、柜子，甚至是冰箱……所有的地方，都被大大小小的芽菜容器挤满。吃饭的时候，还得挪一挪，才能找出空间。女儿打趣地说，家里已经被芽菜淹没了。

每天早上第一件有趣的事，就是尝尝每种芽菜的口感，找出最佳的赏味期。眯着眼睛嚼着微酸的荞麦，吃到萝卜缨辛辣的口感时，吐吐舌头！生的红豆芽让我不敢恭维，还有会让人发笑的扁豆芽，像大肚腩先生。真该用台摄像机，拍下我每天早上多变的表情。

一种芽菜，我同时会有好几盆，最大和最小的，土栽和水培的，我想这就是对植物的热情吧！栽培植物最重要的，其实不是土地，而是热情、爱心和耐心。每天吃着自己栽培的芽菜时，总想着如何才能变成全家人都能喜爱的料理。

按照以往的惯例，每一次我的新书上市，一定会把书中的食谱端出来宴请我的朋友们。一听到是芽菜，有人半开玩笑地说，怎么越吃越差了！怀念《山城香草恋》里的猪排、鸡排、海鲜等香草料理，没想到到了《我的野菜花园》已经改吃青菜配萝卜。那这次的芽菜盆栽，该不会叫大家生吞吧！至少打成汁比较好入口，大伙又是一阵哄堂大笑。

真的不要奢华的料理吗？芽菜也可以做出澎湃的料理耶！编辑坚定地摇摇头，简单的就好？那这次究竟会端出什么呢？当然要来点不一样的。在这里我要特别感谢陶艺家朋友徐兴隆和莹琪大方出借他们的创作，让我的料理增色不少，以及在拍摄期间，被我从家里“挖”出不少容器的朋友们。

还要感谢长久以来一直支持我的读者朋友和出版社，因为有你们，我才能一直不断地有新作品出现。

谨在此致上我最深的感谢

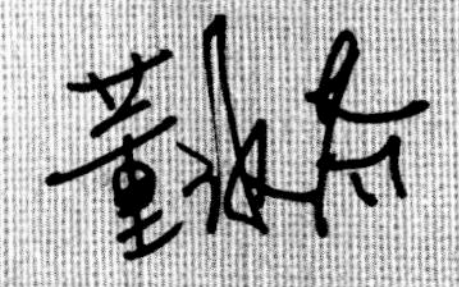

Part1 在家种芽菜好简单

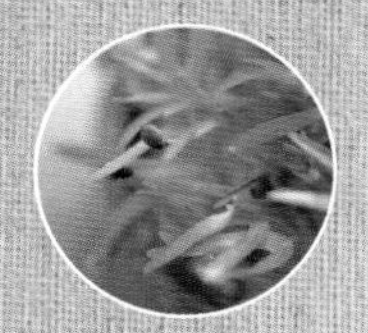

Part2 芽菜栽培手记

充足日照组

目录

些微日照组

无日照组

Part 1

在家种芽菜好简单

没有菜园、没有花盆，还能种出什么样的新鲜蔬菜呢？可别小看了种子的能量，快搬出家中的锅碗瓢盆，找个适合的栽种角落，小小的种子也能长成一盆茂密的芽菜！

- 10个栽种芽菜的理由
- 5个栽种小知识
- 6个最常遇到的Q&A
- 101种创意芽菜玩法

10个栽种芽菜的理由

1 健康保值

种子蕴含植物生长所需的各种营养素，如维生素、矿物质、蛋白质……种子在发芽的时候，会让本身的营养完全释放出来，食用芽菜比食用种子更容易消化吸收。种子发芽时所产生的大量酵素和维生素，甚至是蔬菜的10倍以上！更何况自己栽培的芽菜，不会有因长时间储存或运送导致营养流失的问题。

2 经济省钱

一大包种子的价格，几乎等同于一把菜的市价，但只要一小匙种子，体积就会增加10～20倍，经济实惠的程度，让人不爱上芽菜种子也难。

3 清洁安心

当自己栽培芽菜时，会发现所栽培的芽菜和市场出售的芽菜；不论是外观还是形状差异都很大。但这正是使用纯自然种植的方式所栽培出来的正常现象。

4 美化环境

从种子发芽的那一刻起，每个阶段都有不同的风貌。看巨大的花豆抬起头来，全家人一致欢呼。那又白又胖的蚕豆，整齐排列在许久不曾使用的大盘子里，成为餐桌上众人注目的焦点……这些可爱又美丽的芽菜，不仅能作为居家装饰的绿色植物，更是家里小朋友生动的活教材，同时还是营养的食物呢！

5 快速采收

只要5～15天的时间就可以采收的芽菜，特别符合忙碌的现代人的要求。尤其是第一次尝试栽培食用植物的人，不用经过漫长的等待，只要在星期一开始栽种，到了周末便可以采收，是不是很有成就感呢？

6 轻巧不占空间

体积小的芽菜，利用家中的杯子、碟子，就能轻易栽培出满满一杯绿色来。因为不占空间，栽培者几乎不需要耗费体力，只要放得下一个杯子的位置，就可以栽种。因此不管是学校还是办公室，都可以来“生产”这种既健康又美味的蔬菜。

7 不需特别容器

虽然市面上有栽培芽菜的专用容器出售，但由于专用容器一次所栽培出来的数量实在太多了，因此我还是偏爱使用家中的锅碗瓢盆，除了美观之外也较方便，可以视所需要的量来栽培，种类也可以更多样化。

8 不需日照

想栽培蔬菜，往往最恼人的问题就是日照不足和空间缺乏。那么，试试芽菜吧！只要一点点窗边的光线，日光灯也行，有些甚至一点光照也不需要，再也不用担心种菜时，需要看天赏脸或担心被太阳晒黑了。

9 不需肥料

芽菜通常在叶片尚未展开前就必须采收，所以它基本不需要外界所提供的养分，只是完全利用种子本身的养分，一般只要浇水就能采收，完全不费力！

10 没有病虫害

因为是室内，加上栽培时间短暂，因此不会有病虫害的问题。对于想栽培蔬菜，但是又害怕昆虫的人，真是再好不过的选择。只要记得在每次采收完毕后，将容器清洗干净再烘干，就可以再度使用。

5个栽种小知识

1.事前准备工具

（1）纱布或网子

使用玻璃瓶等无孔容器栽培水培芽菜时，细小的种子在换水时，容易跟着水一起流掉，因此用纱布罩住瓶口，可以很轻易地换水，并避免蚊蝇进入。

（2）沥水篮、漏勺

具有很好的透气效果，适合用来栽培水培的芽菜，尤其是新芽较为脆弱的豆类，孔隙正好可以让芽菜的根部穿过，浇水时也很容易从孔隙中流掉。使用这类会透光的容器，可找大小适当的锅作为外锅，盖上盖子即可隔绝光线。

（3）瓶罐、锅碗瓢盆

宽而浅的容器最适合芽菜的生长，因为芽菜多半矮小，太细长的容器，对于照顾和采收都较为不便。容器的材质以陶瓷、玻璃、不锈钢，以及质量良好的塑胶制品为主，避免使用会渗出防腐剂、染料或化学成分的木质、竹子及藤编等容器，此类材质大多经过特殊处理，要特别注意。

（4）干净的培养土

土栽的芽菜，因为栽培在室内，为避免产生异味或招来蚊虫，要使用干净且没有肥料的培养土。此类培养土都经过压缩处理，体积较小，有些则呈块状，使用时用手揉细铺进容器中，再用喷雾器将土壤喷湿后，就可以开始播种了。

（5）喷雾器

土栽的芽菜，在播种后的几天，非常需要保持种子表面的湿润，才能顺利地发芽，此时就会用到喷雾器。等种子顺利地长出叶子时，根部已深入土中，就可改用浇水方式，保持土壤湿润。

种子遭虫蛀对照组

种子畸形对照组

种子破损对照组

2.种子选购事项

想要成功栽培出芽菜，一定要选择新鲜的种子。没有经过化学处理的种子，栽培出来的芽菜比较有营养。市面上作为食用的谷类和豆子，一般都做过抑制发芽的处理，以便保存，所以发芽率都很低，甚至不会发芽。因此最好到种子商店购买，或在专门出售种子的网站购买，避免在超级市场购买食用的种子来栽种。

此外，买回的种子必须先经过筛选。破碎、虫蛀、畸形的不良种子可直接挑除；泡水后会浮在水面的种子，也是不易发芽的，须过滤掉。另外有些种子浸泡后会让水浑浊，在泡后清洗2～3次即可。

3.催芽的重要性

催芽的目的，是为了让种子尽快且一致地发芽，等新芽长到一定程度之后，再移到有光线的地方栽培。有些种子需要经过浸泡、遮阴及保持湿润直到发根，这样的过程也可以称为催芽。

另一种催芽的方式，是先确定种子会发芽后才移到预定栽种的容器内。这种催芽方式，对于黄豆、黑豆及鸡豆来说，是非常重要的步骤：因为易腐烂的豆类，如果没有确定是会发芽的种子，就全数放入栽培容器中，反而会腐败而污染其他健康的豆子。

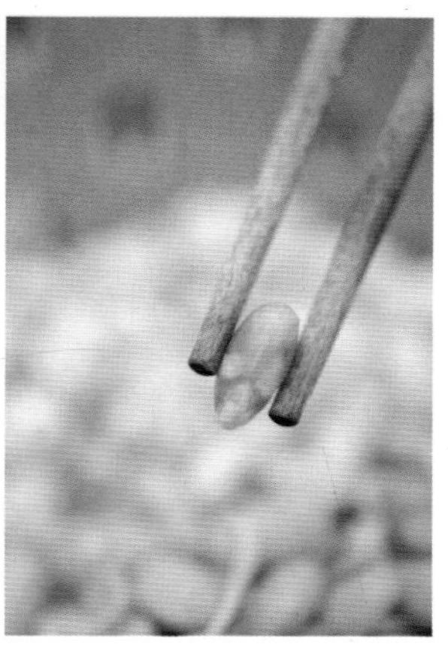

4.水培步骤示范

水培准备工具：种子、纱布或网子、沥水篮或漏勺、锅碗瓢盆

（1）准备工具

准备好适量种子、纱布、容器和橡皮筋。细小的种子看起来很少，一旦发芽体积却会增加好几倍，所以只需要在容器底部铺满一层不重叠的种子即可。

（2）洗净及浸泡

用手在水中轻轻搅动几下种子，然后将水倒掉，最好能使用过滤后的水来浸泡，避免种子吸收水中的氯。

（3）用纱布加盖

用纱布罩住瓶口，再用橡皮筋束来，可以很轻易地换水，并避免蝇进入。

（4）放阴暗处

许多水培的芽菜，从栽种到采收都不需要光线，因此必须在阴暗处栽培，或者准备一个箱子，将芽菜连同容器一起放入箱中。如果选择不透光的容器，就不必放阴暗处。

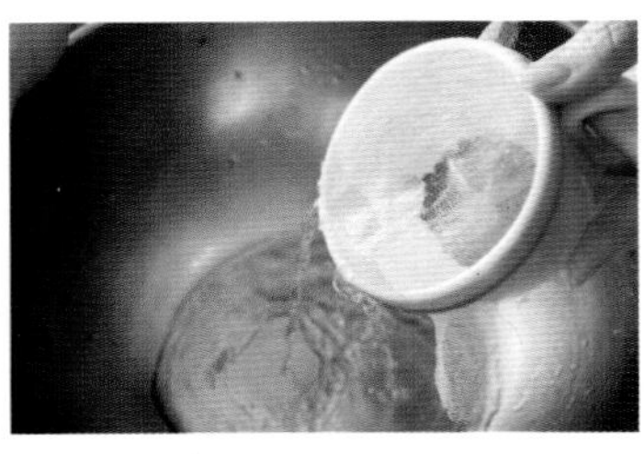

（5）每天淋水2～3次

种子在初发芽之际，表面的温度会升高，容易导致细菌繁殖，故要用水轻轻地冲洗表面。尤其蛋白质高的豆类，表面会产生黏液，因此在25℃以上时，务必要进行淋水，还要注意先将前段温度较高的水换掉。

（6）采收

小提示

- 水培的芽菜无法一次吃完，可用清水洗净沥干，用保鲜盒装起来冷藏。

5.土栽步骤示范

土栽准备工具：种子、锅碗瓢盆、无菌培养土、喷雾器

（1）准备工具

准备好适量种子、容器、不含肥料的培养土、喷雾器。土壤只需铺1～3cm的厚度即可，种子以平放后不重叠为度。

（2）直播或泡水洗净

不需泡水的种子，可直接播在土壤上，再使用喷雾器将种子表面及土壤喷湿，让种子和土壤紧密贴在一起，以利发芽。

（3）放阴暗处

发芽前要放在阴暗处，或用盖子盖住隔绝光线，这样发芽会较平均，而且可以保持湿度。

（4）每天喷雾2～3次保湿

每天喷雾是为了保持种子表面湿润，如果表面看起来还很湿，可适当减少喷雾次数。

（5）发芽后移至明亮处

土栽的芽菜，一般都长得较高壮，因此在种子全部发芽后，移到明亮处或有光线的窗边，才能长得结实。

（6）采收

小提示

- 土栽的芽菜可以多次采收，要用剪刀剪至靠近种子的生长点处。即使是只采收一次的芽菜，也要用剪刀剪到底，避免用手连根拔起的采收方式，这样会连土一起拉起来，将芽菜弄脏，造成清洗时的麻烦。土栽的芽菜在干燥状态较易保存，所以剪下以后不要清洗。

6个最常遇到的Q&A

Q1 已经按照催芽的方式将种子放到阴暗处，为什么还是不能发芽？

A照这样的方式处理之后却不会发芽,有两个可能性。

第一种可能性是种子不新鲜或是放置过久。通常芽菜的种子，应该在浸泡过后的2～3天发芽，除非天气过于寒冷，例如气温低于10℃，才有可能延迟发芽。

第二种可能性是购买的不是用于栽培的种子。通常食用的五谷杂粮及豆类等，有许多是无法发芽的，但有机的种子例外。只要是新鲜的种子，都应该会发芽，所以慎选种子是非常重要的。如果放置过久，即便是有机的种子，也可能不会发芽。

Q2 好不容易发芽的芽菜，为什么会突然腐烂？

A在季节交替的时候，因为天气不稳定，温度忽高忽低，此时如果疏忽而忘记按时淋水，栽培的容器又通风不良，豆类就有可能会发生腐烂的情形。所以不要在容器内一次播下过多的种子，避免因过于拥挤而造成通风不良的问题。

此外，在气温30℃以上的夏天，要特别注意，只要有一部分芽菜腐烂，就要全部丢弃，并将容器彻底清洗晾干，或高温消毒后再继续使用。

Q3 自己种的芽菜苗，怎么做才能种到像市场上卖的那样粗壮？

A 芽菜的大小，并不等于其所含的营养。

自己栽培的芽菜，因为是用最自然的方法栽培出来的，在成长的过程中也没有任何的添加物，所以在外观和形状上，一定会和市面上的芽菜有所不同。相对来说，自己种的芽菜，也会比市场买回来的更耐储存，这样的芽菜吃起来更安心，而且健康。

Q4 水培的芽菜，一定要每天过水那么多次吗？目的是什么？

A 种子在发芽时表面的温度会升高，尤其豆类因富含蛋白质，发芽初期一天淋2～3次的水是必要的。淋水的用意，除了保持种子表面的湿润之外，还可以将发芽时种子表面所产生的物质冲洗掉，以免发酵而产生不良气味。而且当水分充足时，芽菜的生长会更好，口感更佳。

Q5 用什么方式可以避免引来蚊蝇？

A 一般来说，大部分的芽菜并不会引来蚊蝇。蚊蝇的发生，和居住的环境有很大的关系。

首先可检查家中的纱窗或门是否有破损。另外再确认所购买的培养土，是否为不含肥料的泥炭苔，这点也很重要。通常在春天过后，所栽种的小麦、黑麦等麦类，因为本身会释放类似发酵的水果甜味，有可能吸引蝇类前来，但如果是室内栽培，并确定门窗都随手关闭，这样的问题就不会发生。

Q6 土栽和水培的芽菜，对于介质有什么选择？

A 土栽的芽菜，只要选择不含肥料的栽培介质，例如泥炭苔、椰纤、麦饭石、发泡炼石等就可以了。泥炭苔或椰纤在芽菜采收后，便要再更新，因此每次的用量不要太多。麦饭石、发泡炼石虽然可以重复使用，但是每次必须将残留的根清除，并清洗干净暴晒后方可再度使用，因此可视自己的方便来选择。

水培的芽菜，是靠浇水就可以有收成的，因此最好能使用过滤后的水，以免芽菜吸收自来水中的氯。低温而且洁净的水，所栽种出来的芽菜更甘甜。

101种创意芽菜玩法

种类 阶段	豌豆	青花菜	花豆	向日葵	红扁豆	苜蓿
种子						
短芽						
采收						
过长						

每个种子在成长的过程中都会历经4个主要阶段，也许天数不长，但变幻万千的姿态，提供给栽种者无限的想象空间。想象一下，颜色青黄不一、身体细扁的绿扁豆种子，也许适合拿来拼字？有着黑色帽子的黑豆，采收时像不像排列整齐的黑森林？放纵一下自己的想象力，天天来和25种芽菜玩创意吧！

第1~25种玩法 × 种子阶段

红的黄的绿的黑的褐的颜色、长的扁的圆的细的凹的形状……以前从不觉得种子有什么乐趣可言，但当所有种子一字排开，所有外观上的差异处，突然都变得好抢眼！今天，要拿哪几种豆子来玩呢？

第26~50种玩法 × 短芽阶段

刚发出短芽的芽株，大多幼小细嫩，形态特别惹人怜爱。有些特殊的种子，也会用明显的新芽颜色庆祝生命的延续。除了欣赏之外，大可拿起短芽大做文章，成为五线谱里的音符也好，移至桌上的盆栽即景也罢，都是生活的趣味！

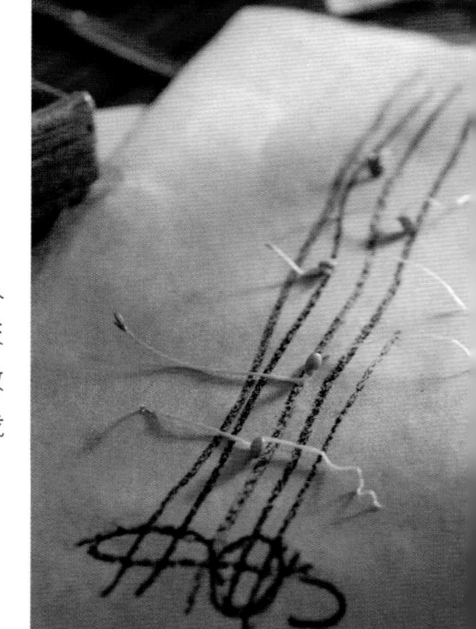

第51~75种玩法

× 采收阶段

随着科属的不同，采收阶段的芽菜外观也各有不同，看着密密麻麻生长的芽菜，不禁想着哪种容器最适合它呢。能彻底利用家中的锅盘瓶罐，结合芽菜外观特性，形成别具一格的家中风景，也是一种成就。

第101种玩法

家中适合栽培芽菜的环境，主要可依光照程度区分为三大区域。选个适合的区域，挑好芽菜种类，任意搭配之后又是另一种创新玩法！

窗边／阳台

窗边和阳台有较多的日照，可栽培喜欢光线的芽菜。要注意的是，窗边或阳台的水分蒸发较快，要留意别让芽菜因缺水而枯萎。通常室内栽培是1～2天浇水一次，夏季则要每天浇，视栽培环境略有差异。因此刚开始栽培时，还是要细心观察。

餐桌／柜子

其实最适合芽菜栽培的容器多以食器为主，因此对于需光性不那么强的芽菜，只要简单换个容器，就能为生活场景改变气氛，心情也愉悦了起来！因为餐桌和柜子适合体积小的芽菜，也考虑会和食物靠得很近，不妨选择水培和土栽皆适合的芽菜种类。

厨房／浴室

最容易给人杂乱印象的厨房和浴室，如果能随手运用废弃的玻璃瓶罐，栽培不需日照的芽菜，反而能为这些角落增添一份优雅的情趣。这种芽菜只要浇水就可以采收，因此栽培起来非常轻松。

第76~100种玩法

× 过长阶段

过了采收期的芽菜，可不是完全没实用价值了！运用容器和巧思，过长的枝条马上摇身变成装饰的修长绿意，或是即兴扎成芽菜束，作为空间角落的摆设， 这些都是聪明好点子。

Part 2 芽菜栽培手记

第1天撒种子，第3天开始发芽，第8天叶子好像快展开了……跟着芽菜的实际生长天数，记录下每天栽种的要点，看着新生嫩芽健健康康地抽高，享受现摘现采的乐趣，任何事都比不上吃一口自己种的菜！

- 充足日照组
- 些微日照组
- 无日照组

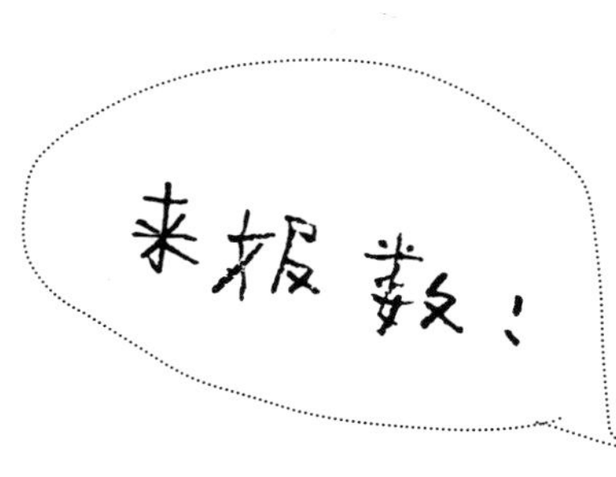
来报数！

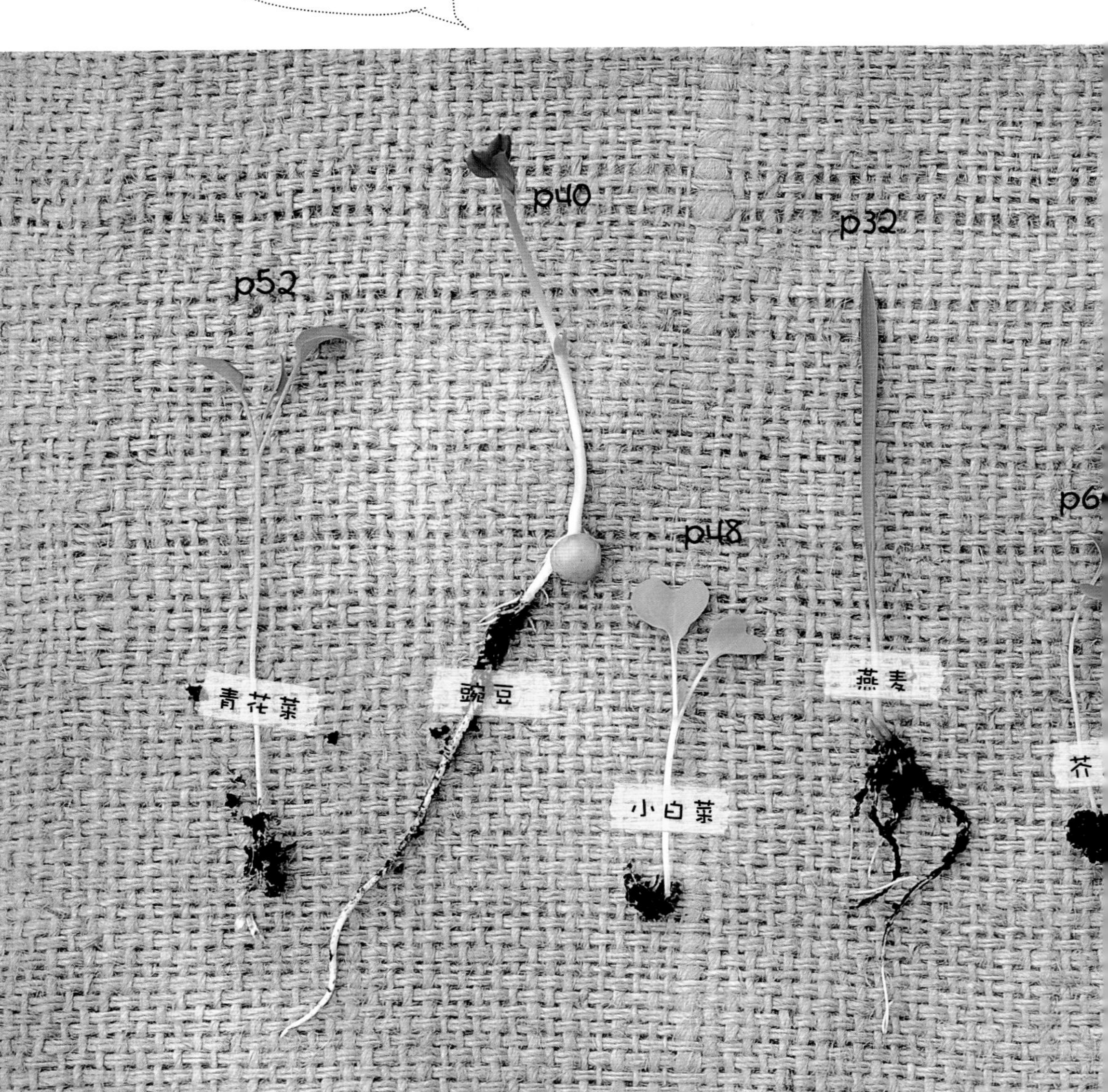
p40
p32
p52
p48
p6
青花菜
豌豆
小白菜
燕麦
芥

充足日照组

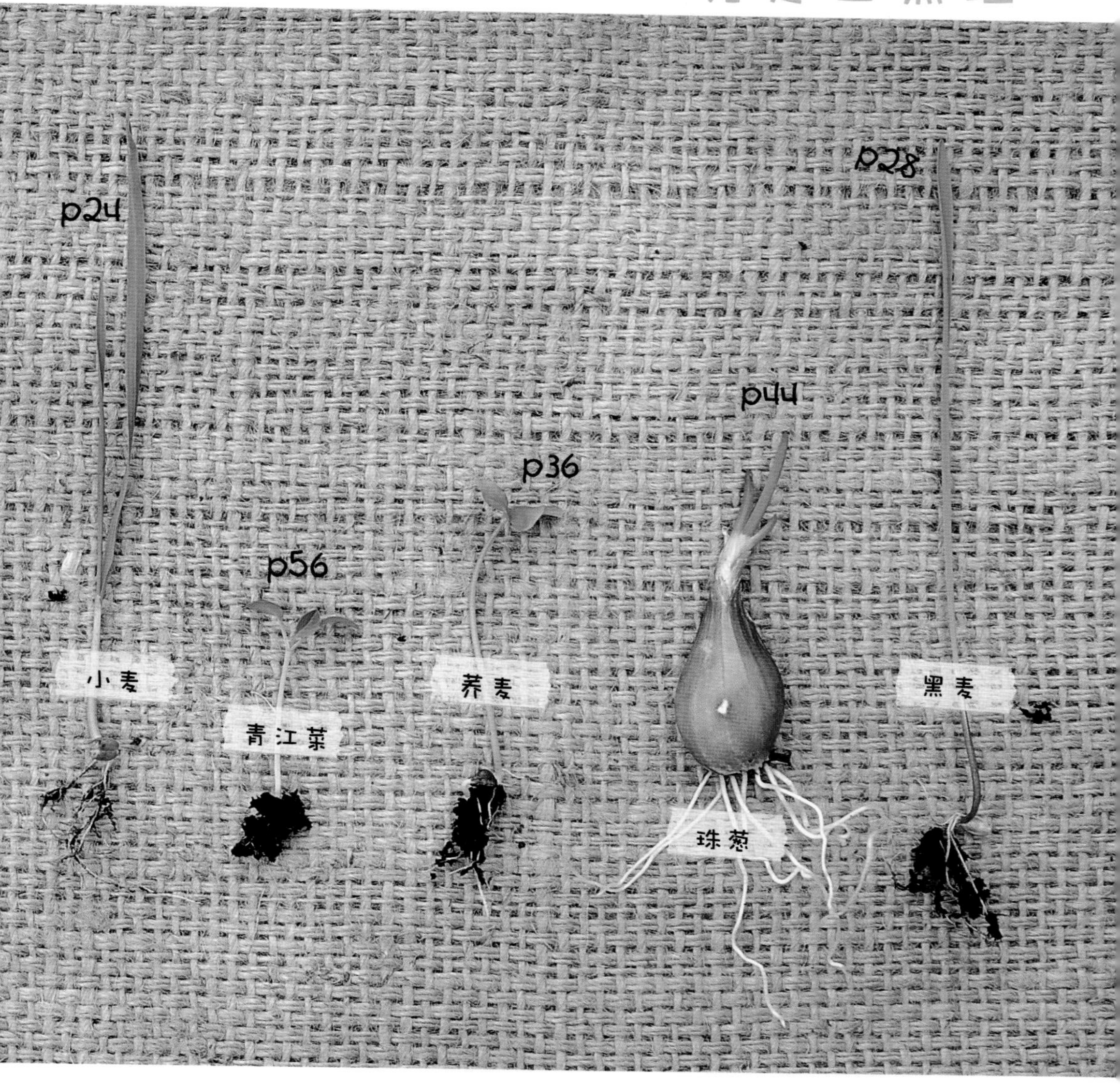

充足日照组

小麦

青草香甜淡味

青涩甘凉的小麦汁，是认识小麦的第一次接触。认真栽种起小麦苗，才发现排列整齐的麦苗，每棵都那么直挺鲜绿，让人很容易心生成就感喔！

小麦小档案

栽种难易度：★

学　　名：	*Triticum aestivum*
科　　别：	禾本科
食用部分：	绿叶、未栽种前的种子
适合容器：	可盛土、深度为2cm以上的容器
浸　　种：	20℃以下8～10h(小时)，25℃以上4～6h
催　　芽：	需要
生长特性：	多次采收
适合介质：	土栽

不记得从什么时候开始爱上杂粮饭，一碗饭里头有许多的种子，只要吃一碗就会觉得很饱足，不像大米饭吃了一碗，还是觉得肚子空空！通常在杂粮饭里面，我会选择加入一种麦类，但小麦口感较硬，因此在调配的时候分量要少一点。

如果可以，不妨先将小麦催芽后，再与饭一同烹煮，或者制作糕点，如此一来便不用担心吃得过于精致。小麦的绿叶部分就是小麦草，可以打成汁后滤渣饮用。吃多了大鱼大肉，不妨来一杯均衡一下，感受小麦苗特有的青草香。

绿手指妙方

种子处理

1. 先将不良种子挑除，用清水清洗一遍，再去除浮在水面上的不良种子。用20倍的清水浸泡，之后就可以平铺在容器上，放至阴暗处或加盖，保持阴湿的生长环境，加快发芽的过程。
2. 建议购买种子商店出售的小麦，那样才更容易出苗。

栽种要点

1. 强壮的小麦苗可以忍受盆底些微的积水，但因根部需要大量空气，使用有孔的容器栽培较好。
2. 浇水时浇到排水孔流出水来，可以去除麦子生长时所产生的气味。

采收叮咛

采收过后的小麦，会再次萌芽生长，一粒麦子可以采收2～3次，之后就要重新播种。

成长手记 Day by Day

Day1

将种子铺满在2～3cm厚的湿润培养土上，放阴暗处或加盖，每天都要浇水。

Day2

在20℃左右的环境下，通常第二天便会开始发芽。

Day3

种子全数发芽后便不再需要遮阴了。

Day4

新芽已经有1cm高了，此时可移到窗边明亮的地方。

Day5

光线充足茎部很快就会变得鲜绿，生长会越来越快，对水分的需求也会越多。

Day6

已经长到5cm啦！此时可以移到户外栽培，但要记得浇水。

Day7

满满一盆鲜绿可口的小麦苗，底下的根早已将盆子塞满了。

采收喽～口感初体验

长度颇高的小麦苗，采收时会有种收割牧草的乐趣。尤其刚采下来的麦苗，带有明显的青草芳香，忍不住想试试生吃的滋味！实际上生吃的话，其充沛的水分和淡淡的甜味，的确让人上瘾。

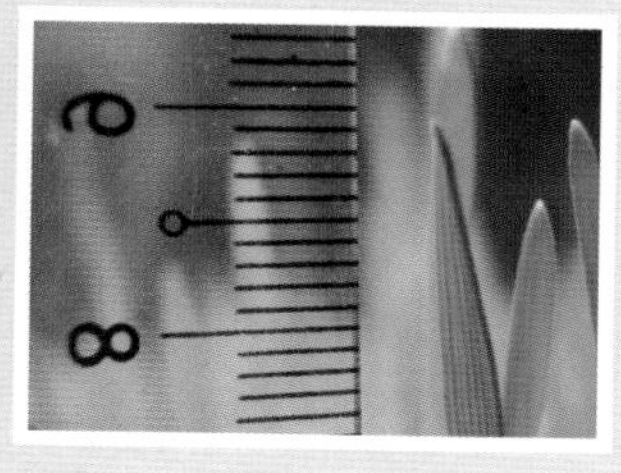

Day8

10cm左右就可以采收，用剪刀从茎部剪下。

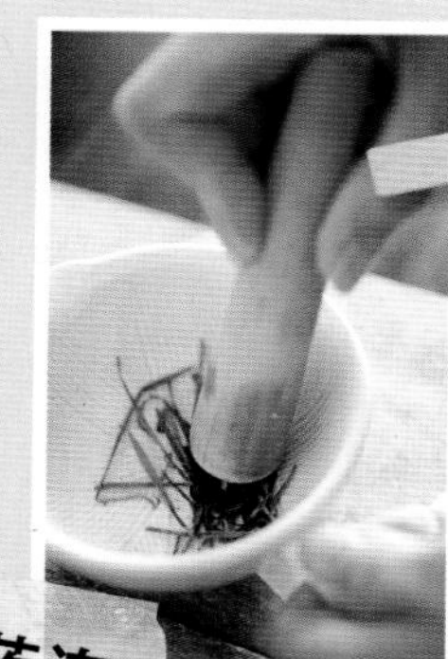

小麦山药冻

材料：

小麦苗、山药、柚子酱

做法：

1.将小麦苗切细、山药磨成泥状，拌在一起入锅蒸煮。
2.蒸熟，待冷却后再放入冰箱冷藏。
3.食用前可淋上捣好的小麦汁及柚子酱，更添风味。

充足日照组

黑麦

新芽大玩红配绿

看到黑麦可别只联想到啤酒啊！亲自种过黑麦苗，才知道黑麦的新芽居然是红色的，看着一天比一天精彩的成长过程，只会赞叹生命的奥妙。

黑麦小档案

栽种难易度：★

学　　名：	*Secale cereale*
科　　别：	禾本科
食用部分：	绿叶、未栽种前的种子
适合容器：	可盛土、深度为2cm以上的容器
浸　　种：	20℃以下8～10h，25℃以上4～6h
催　　芽：	需要
生长特性：	多次采收
适合介质：	土栽

对于种子，我总是充满期待与幻想，究竟会长出什么样的叶子呢？吃起来到底如何呢？因此第一次看到黑色又饱满的黑麦时，就像发现新品种一样开心。没想到黑麦原本竟然是小麦田中的杂草，看样子我似乎是买了一包杂草的种子回家，不过这些名为杂草的植物，事实上只是没有被正式栽种罢了。

麦类因为面筋含量高，不容易消化，最好是发芽后再食用，而且发芽后会增加营养成分、产生一股甜味，因此我常会先将黑麦催芽后再烹煮，让杂粮饭变得更好吃。长出红色新芽的黑麦，又是另一番风情，之后的绿叶可以欣赏，也可以打成汁来饮用。

绿手指妙方

种子处理

建议购买种子商店出售的黑麦种子，清洗一遍挑除不良种子后，再用20倍的清水浸泡，就可以播种。

栽种要点

1. 根部需要大量的空气，故使用有孔的容器来栽培较好。浇水时，要浇到排水孔流出水来，可以去除麦子生长时所产生的高温与气味。
2. 麦类讨厌高温，故炎夏时要栽培在有空调的室内。特别注意的是，天气暖和时栽种麦类，很容易引来果蝇！

采收叮咛

刚发芽的黑麦，含有很多酵素，可以和大米一起煮成饭，会有淡淡的甜味，非常可口。

成长手记 Day by Day

Day1

浸泡一夜之后，在2～3cm厚的湿润培养土上将种子铺满，放阴暗处或加盖很快就会发芽。

Day2

种子全数发芽后，就不需要遮阴了。

Day3

黑麦的新芽是美丽的红色，此时尚未发芽的小麦容易腐烂，要用镊子夹除。

Day4

接受太阳照射的黑麦，新芽已有2cm高，颜色非常鲜明。

Day5

绿色的叶子是刚抽出的新叶，高度4～6cm。

Day6

尽可能接受日照的黑麦，以每天2cm的速度生长着，对水分的需求很大。

采收喽～口感初体验

靠近黑麦种子的嫩芽底端，会呈现美丽的鲜红色，这是黑麦芽最显著的特征。采收时，也能闻到麦类特有的青草香和淡淡的种子味。一般多做成熟食食用，刚发短芽和长出绿叶的口感大不相同，不妨大胆玩创意。

Day7

10cm左右即可收割，采收时用剪刀剪到底，还可以采收2～3次。

私房料理

黑麦杂粮饭

材料：
刚发芽的黑麦1/2杯、五谷米2杯、水3杯

做法：
按照比例，放入电饭锅煮熟即可。

燕麦

QQ弹牙好入口

燕麦的种子，是许多营养保健品的原料之一。但发芽后的燕麦苗，不但形态动人，嫩芽还能应用在更多的食品上，既养生也能美味可口。

燕麦小档案

栽种难易度：★

学　　名	*Avena sativa*
科　　别	禾本科
食用部分	绿叶、未栽种前的种子
适合容器	可盛土、深度为2cm以上的容器
浸　　种	20℃以下8～10h，25℃以上4～6h
催　　芽	需要
生长特性	多次采收
适合介质	土栽

在我们家，只有燕麦和大米煮在一起时才不会被孩子抗议！煮好的燕麦饭吃起来QQ的，很好入口；也可以催芽后做成松饼，当成早餐，或浸泡变软后，用擀面杖碾碎，做成饼干，即使讨厌杂粮的小孩也喜欢吃。

经医学界证实可以降低胆固醇的燕麦，市面上已有各种方便的罐装食品，不过我还是偏爱使用可以当种子的燕麦粒来做料理，选用有机的燕麦，才能种出绿叶来，这也使我终于能了解有机农产品和一般农产品的不同之处。

绿手指妙方

种子处理

1.购买种子商店出售的燕麦才能栽种出麦苗。

2.栽培前先将不良的种子挑除，用清水清洗一遍，去除浮在水面上的种子，再用20倍的清水浸泡，第二天就可以播种。

栽种要点

1.燕麦根部需要大量的空气，故使用有孔的容器来栽培较好，浇水时浇到排水孔流出水来，可以去除麦子生长时所产生的高温与气味。

2.麦类的植物虽然强健，但是在高温的夏天栽培时，要特别注意水分的补给。使用浅盘栽培时，每天须浇水三次以上，这样可以降低温度，也可以让麦苗生长得较好。

成长手记 Day by Day

Day1

浸泡一夜之后，在2～3cm厚的湿润培养土上将种子铺满，放阴暗处或加盖等待发芽。

Day4

新芽长到约1cm时，可移到光线良好的窗边接受日照。

Day2

早晚浇水一次，天气暖和时大约第二天就会发芽。

Day5

每一种麦子的新芽颜色都不同，燕麦的新芽是浅绿色的。

Day3

确定大部分的燕麦都发芽后，就可以不加盖。

Day6

春天时接受充足日照的燕麦，以每天2cm的速度生长着，对水分的需求很大，每天至少要浇水一次。

Day7

10cm左右即可收割，用剪刀剪到底，种子会再次萌芽，可以采收2～3次。

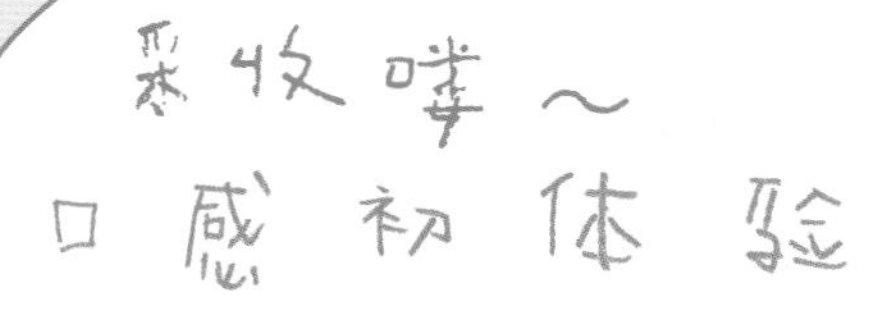

燕麦苗和小麦苗长得非常相似，但燕麦的新芽颜色较浅，是分辨两者的主要差别。直接生吃，可以感受到麦类的那股青草香和微带甜味的口感；如果害怕青草的味道，可以捣碎或打汁，并加入其他食材。

材料：

燕麦芽、燕麦绿叶、葡萄干、蔓越莓、面粉、鸡蛋、鲜奶

做法：

将所有材料拌匀成为面糊，用不粘锅慢慢煎至焦黄色即可。

充足日照组

荞麦

色泽鲜艳如公主

一向给人养生印象的荞麦，实际种起来才发现，芽菜的茎部会从白色慢慢转成淡粉红色，有趣的变色过程只有亲自栽种才能体会！

荞麦小档案

栽种难易度：★

学　　名：	*Fagopyrum esculentum*
科　　别：	蓼科
食用部分：	茎、叶
适合容器：	土栽用可盛土、深度为2cm以上的容器，水培可用茶杯、高度为8cm以下的玻璃瓶罐
浸　　种：	20℃以下8～10h，25℃以上4～6h
催　　芽：	需要
生长特性：	一次采收
适合介质：	可以使用水培，但土栽生长更佳

很少有芽菜能像荞麦一样，同时拥有鲜艳美丽的色泽与清爽的口感，说它是芽菜中的公主也不为过。

荞麦对我们来说其实一点也不陌生，五谷杂粮饭里面，常常可以见到那一颗颗三角形的种子，正是去了壳的荞麦。由于荞麦的茎叶柔软，发芽的荞麦更含有大量的芸香苷，故全株皆可食用，不但符合现代的养生需求，新鲜的荞麦芽更带有微酸的清爽滋味，生吃或打成果汁都是一道美味的保健食品，值得你亲自尝试。

绿手指妙方

种子处理

1.将种子浸泡在清水中，浮在水面上的是不良种子，直接捞出后丢弃。其余种子浸泡一夜后将水倒掉，然后平铺在湿润的培养土上。

2.记得购买带壳的荞麦，去了壳的种子只能当做谷类来食用。

栽种要点

荞麦作为芽菜栽培时，栽种在窗边光线良好的地方，红色的茎会很鲜艳，但是水分蒸发也快，因此要注意水分的补充。荞麦是一种非常强壮的植物，可以栽培在阳台，但幼苗时期很怕强风，须特别留意。

采收叮咛

7～10天即可采收，气温低于20℃时，生长速度会比较慢，栽培时间也会延长。采收一次后就要重新播种。

成长手记 Day by Day

Day1

由于种子的外壳较硬，因此必须用水浸泡一夜，第二天平铺在厚2～3cm的湿润培养土即可，种子不可重叠。

Day2

发芽前须加盖遮阴并保湿，如此发芽才会整齐，每天记得喷雾2～3次，保持种子表面湿润，但不要让土壤积水。

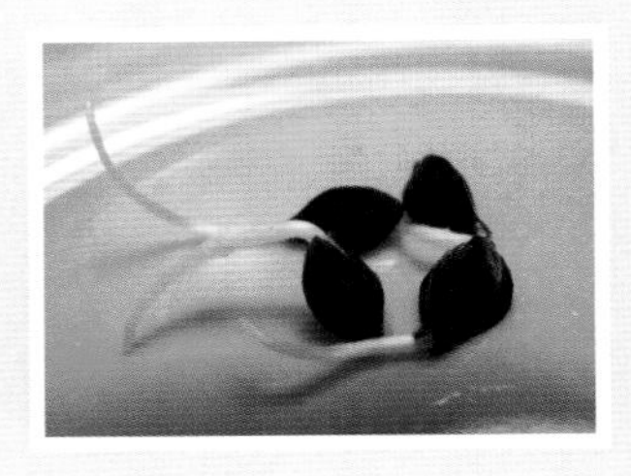

Day3

刚长出来的是根不是芽，此时仍要加盖遮阴并保湿。

Day4

看见弯弯的新芽，大约0.5cm正要抬起头来的样子，此时还是要加盖遮阴哦！

Day5

越来越高的新芽，已经清晰可见，此时可以拿开盖子移到窗户边有光线的地方，幼苗会长得较结实。

Day6

接触到光线后，原本白色的茎变成粉红色，栽培到了这个阶段，只要保持土壤湿润，不必再喷雾了。

Day7~8

种子外壳开始裂开，有些壳已经开始脱落了！

Day9

叶子张开后就可以从茎部剪下，每颗种子只能剪一次。

Day10

叶子张开后，满满一盆非常可爱，如果舍不得吃，可以继续栽种下去。每天要记得浇水，使用无孔的容器时，要将底下的积水倒出来。

采收喽～口感初体验

当荞麦芽张开两瓣叶子时，就表示可以采收了！现采下来的芽菜，红色的茎部不但看起来美丽动人，吃起来也带点微酸的口感和淡淡的青草香，清爽的滋味适合做成沙拉或打成果汁，特别具有春天的气息！

荞麦美沙拉

材料：

荞麦芽、苹果片、葡萄干、吐司、沙拉酱

做法：

1. 吐司烤至有点金黄色后，对半切成三角形。
2. 将材料依序叠在吐司上，再挤上些许沙拉酱即可。

充足日照组

豌豆

新手推荐首选

杰克与魔豆的童话故事中，魔豆利用生长迅速的特性，让杰克有了一趟奇妙的冒险之旅。故事中的魔豆，其实就是豌豆。如此神奇的旅程还不一试！

豌豆小档案

栽种难易度：★

学　　名	Pisum sativum
科　　别	豆科
别　　名	麦豆
食用部分	幼苗、嫩芽
适合容器	深度为3cm以上的容器
浸　　种	20℃以下10～12h，25℃以上6～8h
催　　芽	需要
生长特性	多次采收
适合介质	土栽、水培均可

露地栽培的豆苗，会结出翡翠般的小豆荚，想收获豆荚需要更多的时间和照顾。比较起来，栽培豆苗反倒容易多了，在屋内一年四季都可以采收。对于没有栽培经验的人，豌豆苗也很容易上手，是我最推荐的绿色蔬菜之一。

刚摘下来的豆苗，嚼起来有一股甘甜味，可以直接当成沙拉食用，或者夹到卷饼、三明治里；不习惯生食的，也可以加在汤里，或烫过之后再食用。由于本身并没有太多特殊的气味，因此可以和任何食材搭配。

绿手指妙方

种子处理

先将不良种子挑除，用20倍的清水浸泡一夜，第二天水会有些混浊。此时用清水冲洗2～3次，直到水看起来清澈，再泡4～6h后，将水倒掉准备播种。

栽种要点

1.栽种容器不用太深，只需放3～5cm的培养土，因为土加到盆子边缘，采收时比较容易剪下。
2.气温低于25℃时生长会比较慢，栽培的时间也会相对延长。

采收叮咛

1.第一次采收完毕后，可以让豆苗留在窗边继续生长，不需再遮阴了。
2.采收大约3次后，新芽越来越细，此时就要重新播种。使用过的旧土可直接倒入空花盆里做堆肥，2个月左右，会完全分解成含有机质的肥料土，可用来栽种其他的蔬菜或花卉等植物。

成长手记 Day by Day

Day1

浸泡之后的豆子大了一倍，如果种子看起来还有一点干瘪，表示水分吸收得不够，要再多浸泡一段时间。

Day2

种子平铺在土上不要重叠，放在阴暗处或用锅盖盖起来。每天分三次在豆子的表面喷雾保持湿润。

Day3

根越来越长，长得比较快的已经窜进土里了。此时仍要继续遮阴和喷雾保湿！

Day4

可以看见约0.5cm的新芽，弯着头冒出来了！

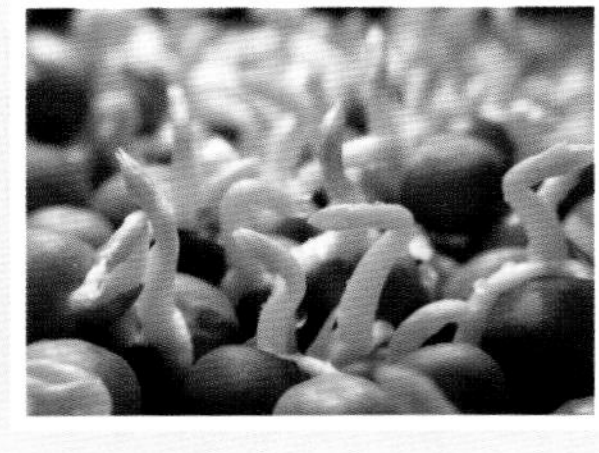

Day5

哇！才过了一夜，已经长高1cm，所有的豆子几乎都顺利发芽，可以不需要盖子遮阴了。

Day6

原本黄色的新芽，只需电灯的光线就可以变绿，此阶段不用再喷雾，改为每天浇水的方式，保持湿润，切记不要让盆内积水。

Day7~8

虽然照顾的方法一样，但是豆芽生长的速度还是有快有慢，此时高度大约6cm。

Day9

越来越多的光线，让顶端的新芽开始张开。

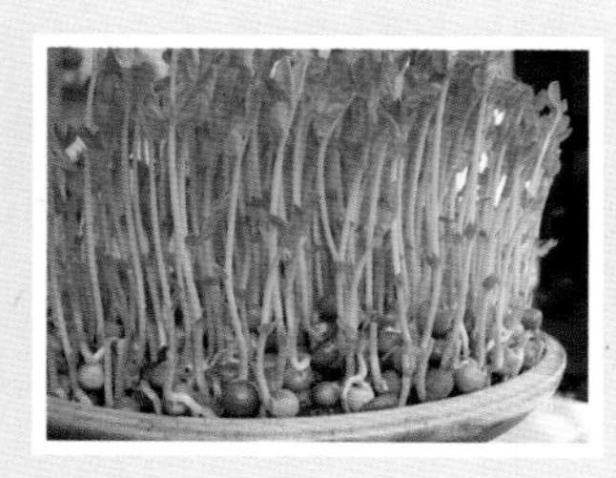

Day10

高度10cm左右便要采收，采收时不管高矮最好一次收完，以利于第二次的生长管理。用量不大的话，依照高矮分次采收也可以。

采收喽～口感初体验

刚采收下来的豌豆苗，直挺翠绿的姿态，很容易引起食欲！简单清洗过，送进嘴里的豆苗，会散发出淡淡的甜味，叶片和茎带来清脆的口感，非常适合慢慢品尝享用。

私房料理

豌豆苗沙拉

材料：

豌豆苗、小番茄、彩色甜椒、玉米粒、葡萄干

做法：

1.将所有材料切成条状，拌在一起。
2.食用前淋上橄榄油、黑胡椒、盐、柠檬汁等调味料即可。

充足日照组

珠葱

食材大变身

俗称红葱头的珠葱，是传统菜肴不可或缺的爆香辛香料。别小看了红润饱满的球茎，除了是美味的食材，也是发展新生命的起点。

珠葱小档案

栽种难易度：★

学　　名	*Allium cepa* var.*aggregatum*
科　　别	百合科
别　　名	红葱头
食用部分	绿叶、葱白、球茎
适合容器	高度为5cm以上的容器
浸　　种	不需要
催　　芽	不需要
生长特性	多次采收
适合介质	土栽、水培均可

做菜爆香用的珠葱，不但可以种出美丽的盆栽，而且还能收获青葱，真是一举两得，因此，家里总会有一盆珠葱。

喜欢做菜的人，总是希望香料可以随手取得、现摘现做，那就绝对不能错过春天的珠葱。只要浇水就可以在窗边生长，吃起来气味香甜温和。可以切细来和任何食材凉拌着吃，炒食的风味也很不错。做味噌汤忘了买葱时，也可以用珠葱来替代，虽然不够辛辣，但是加了珠葱的味噌汤，会令人想要再来一碗的。

绿手指妙方

种子处理

珠葱在一般市场里很容易就能买到，选择肥大饱满的球茎，用手捏捏看，结实的才健康。作为栽种用的珠葱，最好不要买已经去皮处理过的或是干瘪的球茎，虽然还是会发芽，不过长出来的芽细瘦不强壮。

栽种要点

1.一年四季都可以栽培珠葱，但以气候温暖的季节生长最快，土栽或水培都可以。水培的珠葱采收2～3次后，球茎的养分就已经消耗得差不多了，如果不更换丢弃，就要移到阳台换成土壤栽培并施肥，才能再次生长。

2.土壤栽培的珠葱，属于多年生植物，但在炎热的夏天会短暂休眠，地面部分会枯萎，此时要停止浇水，等入秋之后开始生长再给水。

成长手记 Day by Day

Day1

栽种前先将有点脱落的外皮剥除即可，其他完整的外皮不须强行剥除。

Day3~10

栽培期间盆底保留2～3cm的积水，让根部接触到水会较快发芽，但不是将球茎泡在水里，以免腐烂。

Day2

室内栽培时，使用无孔的容器，先铺上2cm的麦饭石，将珠葱一个个排好，再用麦饭石固定球茎。

Day11

开始发芽了。

Day12

新芽已经有5cm高，此时对水分的需求较多，注意不要缺水。

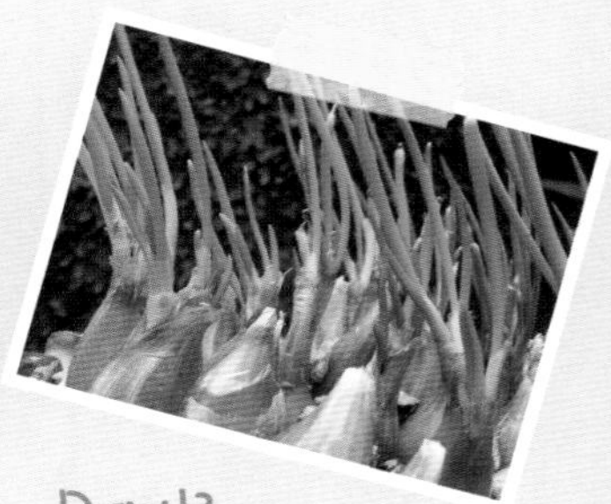

Day13

向着光线生长的新芽已有8cm高。

Day14

大约12cm就可以采收了，采收时要剪到葱白的部分哦！

采收喽～口感初体验

刚采收下来的珠葱叶，很像从一般市场上买回来的青葱，有绿叶也有葱白。尝起来有甜甜辣辣的葱香，比起葱的呛辣温和许多，且愈靠近葱白的部分，甜味和水分也愈高，单炒或当配料都适宜。

珠葱虾仁沙拉

材料：

珠葱、虾仁、辣椒丁、蒜末、盐、胡椒、橄榄油少许、柠檬汁

做法：

将虾仁烫熟、珠葱切丁，所有材料拌匀即可。

充足日照组

小白菜

阳光下的嫩绿

一般常见的小白菜，当成芽菜栽培时，它小巧细弱的模样，会意外成为迷你版的菜园。用提桶把小白菜盛装起来，就很有乡野居家的气息。

小白菜小档案

栽种难易度：★

学　　名	*Brassica rapa chinensis*
科　　别	十字花科
食用部分	全株
适合容器	可盛土、深度为2cm以上的容器
浸　　种	不需要
催　　芽	不需要
生长特性	一次采收
适合介质	土栽

看着才过一夜就发芽的小白菜种子，突然有所领悟，原来种子的使命就是发芽！也许生长环境并不完善，但总之先发芽再说，怪不得栽培芽菜比蔬菜容易，因为芽菜是靠种子本身的养分，而叶菜却必须视后天环境的配合才能顺利生长。若是像我一样，爱极了阳光下的蔬菜，可是又不想为虫害而烦恼，那么试试小白菜芽吧！

在窗边栽培的小白菜芽，看起来就像个迷你菜园，两片伸展开来的子叶，过个一两天还会继续长大，此时采收下来的分量也会较多。小白菜的气味温和，没有其他十字花科特有的味道，可以随心所欲地做料理。

绿手指妙方

种子处理

种子不需经过浸泡或催芽，直接播种在培养土上，不需加盖及遮阴，只要保持种子表面湿润即可。

栽种要点

1. 小白菜虽然生长快速，但户外栽培时是属于虫害非常多的一种蔬菜，作为芽菜栽种就没有虫害的困扰。此外，以采收芽菜为目的时，培养土不需太厚，大约1cm即可。
2. 光线足够的话，大约3周可以长到8～10cm的高度，但1周后务必给予施肥。

采收叮咛

一旦芽菜长满盆子，就必须进行采收，以免因拥挤而造成通风不良，让原本健康的芽菜生病。采收一次后就要重新播种。

成长手记 Day by Day

Day1

播种后要每天喷雾2～3次，保持种子表面湿润。

Day2

种子壳微微裂开了，有些已经发芽，要继续保湿。刚长出来的根还很脆弱，在发芽过程中，如果缺水或过度干燥，会导致发芽不均或质量变差。

Day3

几乎每一颗种子都发芽了，此时还是要每天喷雾2～3次。

Day4

绿色的小芽纷纷站立起来，此时如果能移到日照充足的窗边，会长得比较结实，而不会细细软软的。

Day5

张开了两片像是爱心一样的可爱子叶，虽然花盆里的幼苗看起来有点稀疏，不过很快就会挤满哦！

Day6

才过了一夜，子叶就长大了许多，真令人期待。

Day7

满满一盆哦！当成芽菜栽培的话，这样就可以采收了。

采收喽～口感初体验

当做芽菜栽培的小白菜，菜苗甘甜细嫩，没有特别明显的气味，不管直接生吃或配合其他熟食，都是点缀菜肴的好搭档。和成熟的小白菜相比，虽然少了叶片的口感，却别有一番鲜嫩滋味。

私房料理

白菜芽芝麻面

材料：

小白菜芽、凉面、芝麻沙拉酱、青葱、白芝麻烤熟捣碎

做法：

1.将凉面盛入碗中，再加入稀释的芝麻沙拉酱。

2.撒上青葱、小白菜芽及捣碎的白芝麻。

充足日照组

青花菜

特有辛味上心头

长到一定高度的青花菜苗，修长的嫩茎会开始软垂，搭配上两片小巧的叶片，无论整束扎起还是随手插瓶，都散发出惬意慵懒的美感……

青花菜小档案

栽种难易度：★

学　　名：	*Brassica oleracea*
科　　别：	十字花科
别　　名：	美国菜花
食用部分：	全株
适合容器：	可盛土、深度为2cm以上的容器
浸　　种：	不需要
催　　芽：	不需要
生长特性：	一次采收
适合介质：	土栽

生吃青花菜苗时，有一股隐约的辛辣味，这正是萝卜硫素在“作怪”。其实，仔细品尝十字花科蔬菜的幼苗，或多或少都可以感觉到那股特有的辛味，似辣非辣，但又有一点麻麻的感觉。因此，我很少不经调理，便直接送进嘴里。我喜欢把它们夹在面包里，慢慢咀嚼，或者丢进汤里，只要经过加热，那股特殊的味道就会消失。

搭配菠萝等香气浓郁的水果，打成汁后饮用，是最简便的摄取方式。当然如果不嫌麻烦的话，做成寿司或是汉堡，取其辛辣的风味，是我最满意的料理方法。

绿手指妙方

种子处理

青花菜的种子价格并不便宜，尤其是作为采收花蕾的品种更是昂贵，因此栽培芽菜时，要记得购买芽菜专用的种子比较划算。

栽种要点

1.以采收芽菜为目的时，培养土不需太厚，大约1cm即可。
2.想将幼苗栽培成食用蔬菜，需要将其放在日照良好的窗边或阳台，培养土也要有10cm以上，且植株不可过密。若使用没有肥料的培养土播种时，一周后须添加肥料，促进生长。

成长手记 Day by Day

Day1

播种后，记得每天都要喷水2～3次，保持种子表面湿润。

Day2

种子陆续发芽了！因为刚长出来的根还很脆弱，要继续保持种子湿润。

Day3

当绿色小芽站立起来时，最好移到日照充足的窗边，这样会让芽菜长得较结实。

Day4

过了一天小苗就长高许多，但叶子尚未张开，此时浇水要轻轻地浇在土壤上以免幼苗倒伏。

Day5

温暖的阳光下，绿油油的子叶刚伸展开来，大约有3cm的高度。

Day6

当做芽菜栽培的话，像这样就可以采收了，用剪刀从底部剪下就可以吃了。

Day30

青花菜的幼苗生长非常缓慢，一个月后才有10cm的高度，有4片叶子即可采收。

采收喽～口感初体验

张开两瓣叶子的青花菜苗，叶子稍有厚度，直接生吃可以感受到那股嚼劲，细瘦的嫩茎反倒不易察觉。整株吃完，隐约会感受到十字花科的微辛，但还不至于到辣的程度。

青花潜艇堡

材料：

青花菜苗、热狗面包、水煮蛋切片、番茄切片、素火腿切片、法式芥末酱

做法：

将所有材料夹入面包中，淋上芥末酱即可。

充足日照组

青江菜 和蝴蝶抢着吃

蝴蝶喜欢吃的菜会是什么味道呢？来种种青江菜苗就知道，从嫩叶慢慢生长出来的同时，菜苗外围的蝴蝶也多了起来，让人好期待它的滋味啊！

青江菜小档案

栽种难易度：★

学　　名：	*Brassica campestris*
科　　别：	十字花科
别　　名：	青梗白菜、汤匙菜
食用部分：	全株
适合容器：	可盛土、深度为2cm以上的容器
浸　　种：	不需要
催　　芽：	不需要
生长特性：	一次采收
适合介质：	土栽

靠在窗边栽种的青江菜苗，已经可以采收了。虽然隔着纱窗，却一直有白粉蝶在外头张望着，不知道它们究竟是如何发现屋子里头的青江菜的？春天的时候，要是青江菜还待在户外，却没有任何保护措施，那铁定是没得吃了！

成株的青江菜，肥厚的叶柄脆嫩又清甜，是面食中常见的蔬菜。而小小的青江菜芽鲜嫩可口，则又是另一番美味，除非亲自栽种，不然可不是随便都能吃得到的哦！

绿手指妙方

种子处理

种子不需经过浸泡或催芽，直接播种在培养土上，不需加盖及遮阴，只要保持种子表面湿润即可。

栽种要点

以采收芽菜为目的时，培养土不需太厚，大约1cm即可。除了培养土以外，也可使用厨房纸巾来作为栽培的介质，但要选择没有添加漂白剂或其他化学成分的材质。

采收叮咛

每颗种子只能剪一次，所以采收时尽可能剪到底，即使栽培时间超过6天也不要紧，或多或少采收一些，让菜苗们不至于太拥挤。

成长手记 Day by Day

Day1

播种后要每天喷雾2～3次，保持种子表面湿润。

Day3

绿色的小芽挣脱种皮之后，子叶便会伸展开来。

Day2

气温25℃以上，第二天就会发芽，要特别注意保湿，若缺水或过度干燥，会导致发芽不均。

Day4

当两片嫩绿的子叶展开时，最好移到日照充足的地方，芽菜会长得比较结实。

Day5

幼苗们全歪向一边，朝着有阳光的方向生长着。

Day6

像这样挤满盆子，就必须采收了。

采收喽～口感初体验

经过阳光的洗礼，采收下来的青江菜苗，个个结实饱满，忍不住先咬了一口，口感比起同科的小白菜来得厚实，整株吃起来鲜嫩可口，比起成熟的青江菜来得清爽，适合生食享用。

私房料理

青江菜细卷

材料：

青江菜苗、寿司饭、腌萝卜切成细条状、海苔皮剪成条状

做法：

1. 将青江菜苗及腌萝卜、寿司饭放在手中，握成适当大小。
2. 用剪好的海苔皮在外圈包起来。

充足日照组

芥蓝菜

小巧嫩叶心连心

有着爽脆口感的芥蓝菜，想必让吃过的人都留下深刻印象。其实，芽菜时期的芥蓝菜，滋味可是大不同，营养价值也比成熟蔬菜来得高，不妨试试看。

芥蓝菜小档案

栽种难易度：★

学　　名：	*Brassica oleracea*
科　　别：	十字花科
别　　名：	格蓝菜
食用部分：	全株
适合容器：	可盛土、深度为2cm以上的容器
浸　　种：	不需要
催　　芽：	不需要
生长特性：	一次采收
适合介质：	土栽

一开始，是为了家中的宠物鼠而栽培芥蓝菜苗的，好让它在夏天还有最喜欢的十字花科蔬菜可以吃，不必担心市场买回来的叶菜有农药残留的问题。没想到，芥蓝菜苗后来却顺理成章地成了我餐桌上的佳肴！

作为芽菜食用的芥蓝菜，只要短短7天就可以采收，不必经过漫长的等待，不必施肥料，也不必担心虫害。满满一盆的绿色芽菜，体形虽小，但营养可不小！尤其是在芽菜阶段的幼苗含有萝卜硫素，其营养成分比完全长成的蔬菜还多了20～50倍，所以可别小看这些小小的芽菜哦！

绿手指妙方

种子处理

1.种子不需浸泡或催芽，也不需加盖及遮阴，只要直接播种在培养土上，保持种子表面湿润。

2.一年四季都可以栽培，但夏天高温出芽情况不太好，可在冰箱底层先催芽再播种。

栽种要点

1.刚长出来的根很脆弱，在发芽过程中，如果缺水或过度干燥，会导致发芽不均或质量变差。

2.十字花科的植物，非常容易发生青虫危害，因此作为芽菜栽培时，千万不要移到室外，即使只有一天，也可能遭到白粉蝶产卵而发生虫害。只要在日照充足的窗边就可以生长良好。

采收叮咛

一旦芽菜长满容器，就必须进行采收，以免因拥挤而造成通风不良，让原本健康的芽菜生病。

成长手记 Day by Day

Day1

播种后要每天喷雾2～3次，保持种子表面湿润。

Day2

虽然尚未发芽，但种子吸收水分之后变得饱满。

Day3

种子正微微裂开，有的已经发芽，此时仍要注意保湿。

Day4

小芽已经明显可见，此时最好移到日照充足的窗边，芽菜茎部才能长得较为结实。

Day5

十字花科的植物，都会张开两片像是爱心一样的可爱子叶。

Day6

当成芽菜栽培的话，只要两片子叶张开，就可以采收了。

采收喽～口感初体验

十字花科的芥蓝菜，在芽菜时期很难与同科的青花菜苗区分，外表和口感都非常相似。同样带有些许辛味，却又不辣，鲜脆的叶子口感略具嚼劲，且具有很高的营养价值，生食熟食都适合。

芥蓝虾寿司

材料：

芥蓝菜苗、青紫苏、山药、醋萝卜、烫熟虾仁、寿司饭、海苔皮

做法：

1.将寿司饭铺在海苔皮上，将材料依序铺上，寿司的两端要让芥蓝菜苗和虾仁尾露出来。
2.卷起来后切片盛盘即可。

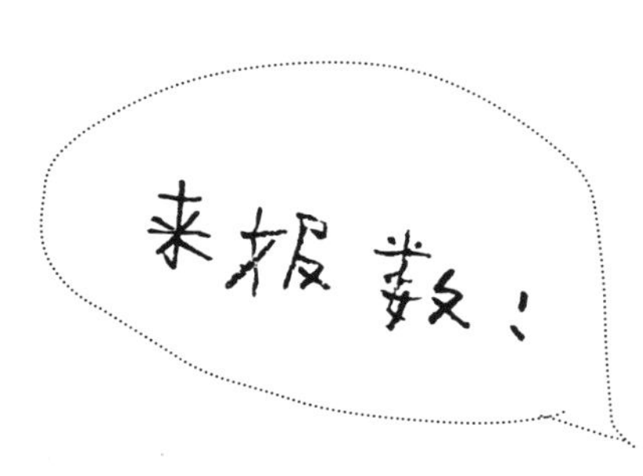
来报数！

p94
p78
p86
p82
萝卜缨
蚕豆
向日葵
胡萝卜叶

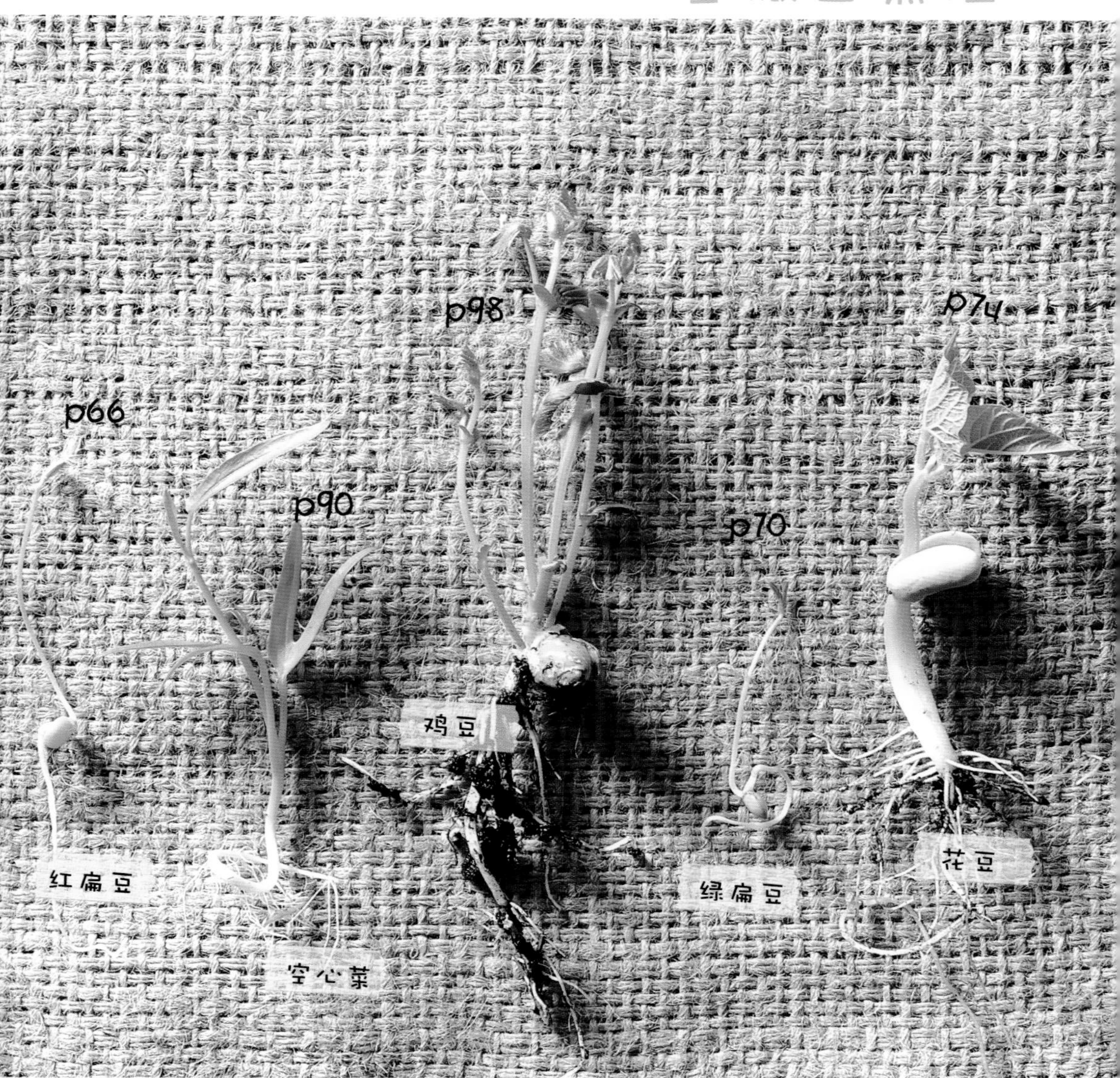
p98
p74
p66
p90
p70
鸡豆
红扁豆
绿扁豆
花豆
空心菜

些微日照组

红扁豆

豆芽音符排排站

刚发短芽的红扁豆，圆鼓鼓的种子搭配弯曲的新芽，发挥一点想象力，就变成了五线谱里的音符，演奏出可爱逗趣的音乐！

红扁豆小档案

栽种难易度：★

学　　名：	*Dolichos lablab*
科　　别：	豆科
食用部分：	全株
适合容器：	茶杯、玻璃瓶罐、保鲜盒
浸　　种：	20℃以下8～10h，25℃以上4～6h
催　　芽：	不需要
生长特性：	一次采收
适合介质：	水培

拔起发芽的红扁豆，圆鼓鼓的橙色豆仁，连着一根绿色的小芽，像极了五线谱里的音符，挺着一个大肚子，让人忍不住发笑，真是个可爱的小家伙！

吃得太油腻时，拔几棵扁豆芽放在嘴里嚼，清淡的甘甜味和些许的淀粉质，缓和了口腔中的油腻感。由于扁豆本身的热量和脂肪含量很低，因此当成沙拉食用时，不妨多加点橄榄油，或者搭配油脂丰富的肉类，来一道豪华的芽菜料理。

绿手指妙方

种子处理

先将不良种子挑除，用清水清洗一遍，再用10倍的清水浸泡一夜，第二天将水倒掉，放在阴暗处开始栽培。

栽种要点

1.栽培红扁豆时，只要保持种子的表面湿润就能顺利生长。要不要遮阴可以选择，遮阴的豆芽，口感细嫩可以整个食用，同时也含有较多的酵素；受光照的绿芽，则含有更多的纤维素和叶绿素。

2.想栽培绿叶时，可整盒移到明亮的地方，叶子很快就会绿化，不需要直接接受日照。当成小盆栽时，要在盘子的底下保持0.5cm左右的清水，让根部泡在水里，每天记得添加清水，以免豆芽因缺水而干枯。

成长手记 Day by Day

Day1

天气暖和时，只要浸泡一天，便会开始发芽。

Day2

根已有1cm左右，生长非常快速。栽培期间每天浇水2～3次，再将水倒掉。

Day3

弯曲的新芽长出来啦!

Day4

如果没有放阴暗处，新芽很快就会变绿。

Day5

新芽长到3cm左右时，是最美味的时候，可连种子一起食用。

Day6

每天以1～2cm的速度生长着，延迟采收，新芽会越来越高。

Day7

高度超过5cm时，只适合摘绿色的嫩叶食用。

采收喽～
口感初体验

生吃含有豆仁的红扁豆短芽时，会有种淀粉的涩味，因此可搭配其他味道厚重的食材，做成沙拉较美味。另一种吃法，则是和带有酸甜味的水果，如菠萝、苹果等一起打成汁饮用。

红扁豆鸡肉沙拉

材料：

红扁豆芽、鸡肉、山芹菜少许、奶油奶酪少许、山葵酱、盐

做法：

1.鸡肉用水煮熟放凉后，切成骰子般大小。

2.将所有材料拌匀即可。

些微日照组

绿扁豆

欧洲人最爱的营养食材

纤细娇弱的绿扁豆芽，适合随手种在生活器具中。等到嫩芽日渐抽高，犹如小草丛般的姿态，为家中捎来了点点绿意风情。

绿扁豆小档案

栽种难易度：★

学　　名：	*Dolichos lablab*
科　　别：	豆科
食用部分：	全株
适合容器：	茶杯、玻璃瓶罐、保鲜盒
浸　　种：	20℃以下8～10h，25℃以上4～6h
催　　芽：	不需要
生长特性：	一次采收
适合介质：	水培

绿扁豆在欧洲地区，是流传了好几千年的营养食品，不但蛋白质成分高，纤维素也容易被人体吸收。在欧洲绿扁豆是普遍的食材，煮汤或炖肉是常见的做法，材料也很简单，主要是肉馅、胡萝卜、芹菜、洋葱及泡水一晚的绿扁豆。除了热热地吃之外，绿扁豆也适合冷食，煮熟的绿扁豆和土豆，可用来做可口的沙拉，带壳的绿扁豆，还可以用来栽培豆芽。

绿手指妙方

种子处理

先将不良种子挑除，用清水清洗一遍，再用10倍的清水浸泡一夜，第二天将水倒掉，放到阴暗处开始栽培。

栽种要点

市面上出售的绿扁豆，多半都是去了皮的种子，没有皮的绿扁豆无法作为芽菜栽培，要特别注意。

采收叮咛

绿扁豆的新芽长到2～3cm，是最美味的时候，此时新芽细嫩可连种子一起采收，不一定非得等到长出绿叶。通常到了10cm的时候，就以采收绿色的叶子为主，此时种子的风味已差，故不食用。

成长手记 Day by Day

Day1

天气暖和时浸泡一天之后，便会开始发芽。

Day4 新芽长得很快，未见光的新芽还是黄色。

Day2

根已经长到1cm左右，栽培期间每天浇水2～3次，再将水倒掉。

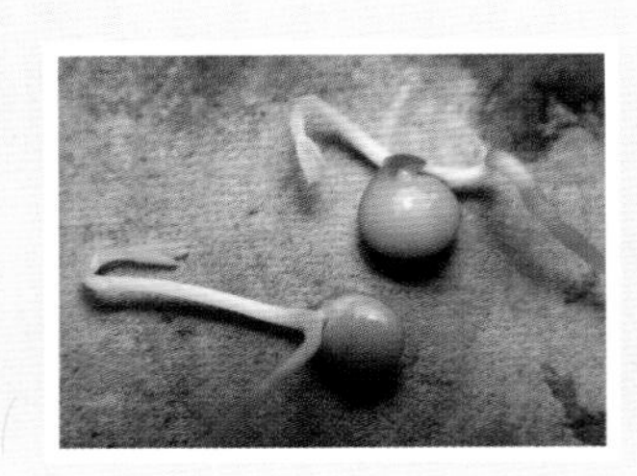

Day5

圆鼓鼓的绿扁豆芽，好像挺着一个大肚子，模样很逗趣。

Day3

不要搞混了，弯曲的部分才是新芽！

Day6

新芽长到2~3cm时，是最美味的时候，可连种子一起食用。

Day7

见到日光灯后，芽菜很快就变绿了。

采收喽～口感初体验

绿扁豆的采收时机，可分为刚发芽的初期和嫩芽长高后两种。刚发芽时整株都可食用，可吃到淀粉丰富的豆仁；若是长高后的豆芽，会略带草腥味，适合与其他水果打成汁后入口，兼具营养与美味。

Day8之后

长成10cm的绿扁豆芽，只适合采收绿色的嫩叶食用，或是直接当成小盆栽观赏，也挺可爱的！

私房料理

绿扁豆鲔鱼沙拉

材料：

绿扁豆芽、鲔鱼罐头、洋葱丁、番茄丁、黑胡椒

做法：

将所有材料拌匀即可。

些微日照组

花豆

定做的花色外衣

穿着斑斓花衣，形态饱满，犹如豆子界的时尚模特儿，是对花豆种子的第一印象。真想知道这样的种子，种出来的豆芽会是如何迷人呢！

花豆小档案

栽种难易度：★

学　　名：	*Phaseolus coccineus*
科　　别：	豆科
食用部分：	茎、嫩叶
适合容器：	可盛土、深度为3cm以上的容器
浸　　种：	20℃以下6～8h，25℃以上4h
催　　芽：	需要
生长特性：	一次采收
适合介质：	土栽

栽培在平底锅里的花豆芽，撑起锅盖的那一刻，所有的豆仁就像是约好似的一起长高。我很喜欢巨大的花豆，看起来颇有分量，椭圆又饱满的豆仁，包裹着花色的外衣，细看还可以发现每颗花豆的花纹都不同，颜色有深有浅，简直像是春天的服装秀。

想吃到白胖多汁的花豆芽，栽培期间必须完全没有光线；喜欢吃绿芽的话，采收前一天再拿到有光线的地方，吃起来别有一番滋味。清脆又甘甜的茎部最美味，叶子的部分纤维较多，有一点像地瓜叶，滋味则略逊一筹。

绿手指妙方

种子处理

1. 挑除掉不良种子后，用20倍的清水浸泡一夜，第二天将水倒掉；天气寒冷时，通常要浸泡两天左右，让壳看起来有点裂缝，再种下去。
2. 泡过水的种子要再检查一次，有些碎裂的种子干燥时不易看出，但泡过水之后可以很容易发现。

栽种要点

1. 巨大饱满的花豆，建议使用土栽的方式，会比水培长得更茁壮。
2. 栽培时尽量不要太早接触光线，以免长得太矮小，并保持土壤湿润，但不要积水。

成长手记 Day by Day

Day1

浸泡一夜之后的种子会大上一倍。

Day2

将芽点朝下，平铺在土上不要重叠，放在阴暗处并用锅盖或纸板盖起来。每天分早晚两次，在豆子的表面喷水保持湿润。

Day3

开始发芽了，此时保持土壤湿润即可，不用再喷雾。

Day4~5

根往下生长，要注意还不发芽的，可能是不良种子，一天后仍未发芽即可剔除。此时还是要继续加盖并保湿!

Day6~7

加油哦！弯曲的茎正奋力抬起头来。等茎长到2cm高，就不须再加盖了。

Day8

越来越高的花豆芽，已有5cm了。

Day9

最佳食用部分是尚未张开的嫩叶和饱满的嫩茎，可以从底部剪下。

Day10

过了一夜，叶子就会张开，必须尽快采收。如果放任豆子生长，叶子就会越长越大，纤维也会较粗糙，可当成盆栽欣赏一段时间。

采收喽～口感初体验

茎叶粗大的花豆芽，生食会有明显的草腥味，一般会将豆仁摘除、烫熟食用。烫过的花豆芽爽脆甘甜，茎部和叶片可分别食用，清炒或凉拌都能凸显其美味。

花豆芽拌彩椒

材料：

花豆芽、彩色甜椒、香油、盐

做法：

1. 先将花豆芽的豆仁摘除，洗净切段后烫熟。
2. 彩色甜椒切丝，加入调味料拌匀即可。

些微日照组

胡萝卜叶

厨余新发现

料理胡萝卜时，通常会把上面的梗头去除。想不到换个方式、转个脑筋，平日丢弃不用的梗头，居然能够生长出美丽茂盛的羽叶呢！

胡萝卜叶小档案

栽种难易度：★

学　　名：	*Daucus carota*
科　　别：	伞形科
别　　名：	红萝卜
食用部分：	茎、叶
适合容器：	浅盘、碟子
浸　　种：	不需要
催　　芽：	不需要
生长特性：	多次采收
适合介质：	水培

做菜切下来的胡萝卜头，可以长出翠绿如羽毛般的叶子，是我在幼儿园当老师时常玩的把戏。让小朋友从家里带一截胡萝卜，看谁的最先长出叶子，每天照顾自己的胡萝卜，用图画记录生长的过程。当第一片叶子长出来时，惊叹声此起彼伏，采收时小心翼翼地取下一小片放在嘴里，自己种出来的萝卜叶特别好吃，因为里头充满了期待与爱心。

营养丰富的胡萝卜叶，适合切成细末撒在饭上、拌在面里，或者做成炒饭，再加一点芝麻或起司，胡萝卜叶的味道就可以被掩盖，而且变得更加美味。

绿手指妙方

种子处理

购买新鲜粗壮的胡萝卜，即使是冷藏过的也不要紧，只要没有发黑或干瘪，切下顶端3cm厚的部分，就可以栽培出叶子。

栽种要点

用来栽种的萝卜不要削皮，也不可以将萝卜切得太薄，因叶子的生长要靠萝卜所提供的养分，厚一点能够长得较茂盛。

采收叮咛

通常一个胡萝卜头大约可以长2～3片、10cm左右的绿叶，等到叶子展开来便可以食用。采收后，如果萝卜开始腐烂就要丢弃，再用新的胡萝卜栽种。

成长手记 Day by Day

Day1

带梗的胡萝卜，要先用手将梗全部剥除，才会快点长叶子。

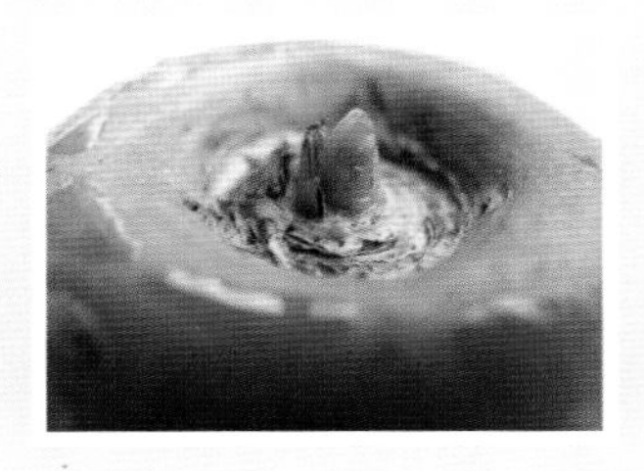

Day2

将梗剥干净后，会看见生长点，要记着保留。盘底须留0.5cm左右的水，夏天每天要换水。

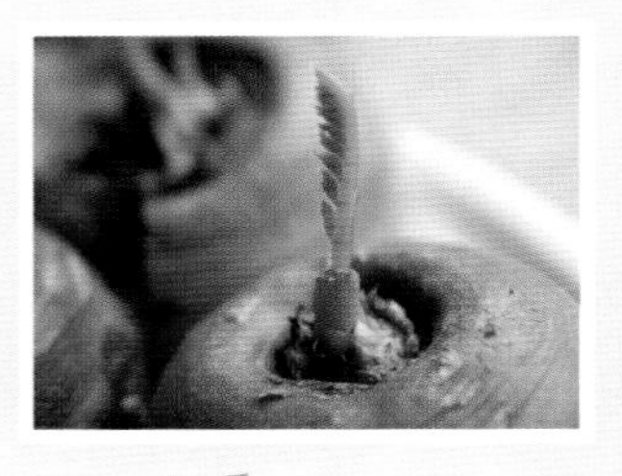

Day3~5

放在有光线的地方，日光灯也可以，天气暖和时大约第5天就会长出新叶。

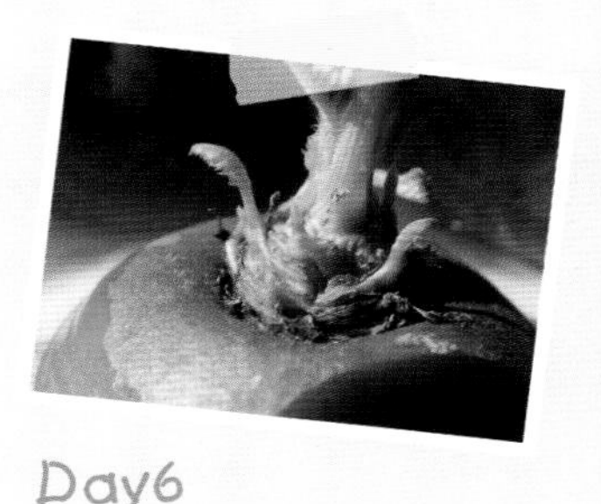

Day6

越大的胡萝卜，生长点会有好几个，长出来的叶子也会比较多。

Day7

新芽生长得很慢，需要耐心等待。

Day8

原本细细的一根叶子，正慢慢地打开来。

Day9

愈来愈展开的叶子，像是一支绿色的羽毛。

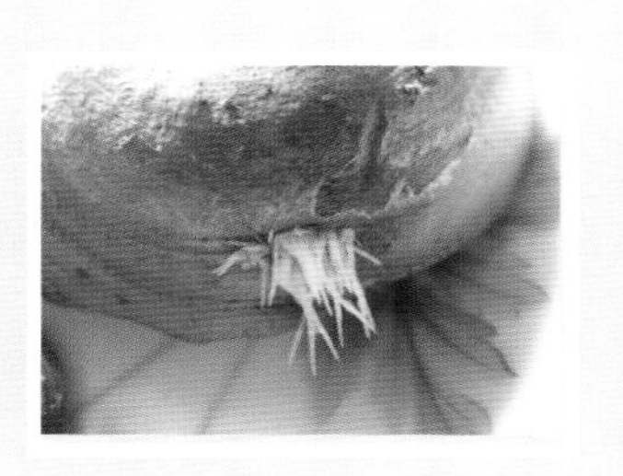

Day10

长出白色细根的萝卜头，也可以用土栽培，叶子会长得更多。

Day11

第一片叶子张开后，第二片叶子也会开始陆续生长。

采收喽~口感初体验

采下羽毛状的胡萝卜叶时，看着摇曳生姿的叶子形态，很容易让人着迷。靠近一闻，还能嗅出有股淡淡的胡萝卜味，糅合了叶子的清香。胡萝卜叶很适合运用在料理中当配角，虽不起眼却具有画龙点睛之效！

Day12~15

长到这样，就可以取下绿色的叶子来做料理喽！

私房料理

胡萝卜叶饭团

材料：

胡萝卜叶、米饭、寿司醋少许、芝麻、海苔皮

做法：

1.胡萝卜叶切成细末。
2.米饭煮熟后，趁热拌入寿司醋、胡萝卜叶及所有材料。
3.放凉后捏成喜欢的形状，再包上海苔皮即可。

些微日照组

向日葵

太阳的祝福

向日葵的花语是拥有太阳的祝福，具备正面开朗的能量，即便是新生的嫩芽，也比其他芽菜多了厚实的叶子，让人食用后活力满满！

向日葵小档案

栽种难易度：★

学　　名：	*Helianthus annuus*
科　　别：	菊科
食用部分：	嫩茎、叶
适合容器：	土栽用可盛土、深度为2cm以上的容器，水培可用沥水篮、小型滤网
浸　　种：	20℃以下12～24h，25℃以上8～10h
催　　芽：	需要
生长特性：	一次采收
适合介质：	土栽、水培均可

当户外的向日葵在寒冬一一枯萎之际，我的向日葵芽菜，还在屋内欣欣向荣地生长着。两片肥厚的子叶，挣脱黑色的硬壳张开来时，就是最佳的品尝时机。厚厚的子叶带着坚果的芳香，我细细咀嚼的同时，也回忆起夏天的向日葵花海。这小小的向日葵芽，竟然可以长成巨大的植物，真让人感到不可思议。

由于向日葵芽含铁质较多，切口容易氧化变黑，也不耐久放，因此尽可能要在食用前才采收，或在采收后的几天内吃完。

绿手指妙方

种子处理

1. 先将不良种子挑除，用清水清洗一遍后，用10倍的清水浸泡一夜。因向日葵种子藏有较多的空气，浮在水面上的种子，并不是不良种子。
2. 向日葵是硬壳的种子，因此必须先进行催芽再播种。催芽的方法是将浸泡一夜的种子，放置阴暗处，每天分3次浸水，再将水倒掉，直到发芽。

栽种要点

土栽或水培都可以，但通常土栽的芽菜，茎部较粗壮、风味也较佳。

采收叮咛

向日葵食用的是厚厚的子叶，因此子叶一旦张开就要尽快采收，此时正是最佳的赏味期，延迟采收而长得过高，口感会较差。

成长手记 Day by Day

Day1

壳微微张开且可见到白白的芽，就要赶快播到2～3cm的培养土上，加盖保湿。

Day2

根已经长到0.5cm了，还是要继续加盖，并用喷雾的方式保湿。

Day3

用加盖保湿的方式，可以让种子发芽顺利，同时也会长得比较整齐。

Day4

弯曲的新芽正要抬起头来，此阶段可以不必再加盖了。

Day5

新芽已有2cm，栽培期间不要太早接触到阳光，可以让芽长得稍高，采收起来更有分量。

Day6

有些长得快的，壳已经开始脱落了，可以移到明亮的窗边接受日照。

Day7

壳脱落之后，子叶便会张开，此时大约有8cm高，正是采收的时候。

Day8

有些芽菜还未脱落壳，采收时可以顺便用手剥除。

采收喽～口感初体验

当两片子叶张开时，就能剪下采收了。厚实的子叶有着坚果的香味，放进嘴里咀嚼时，还能感受那股厚实的口感，让人忍不住再三玩味。独特的口感适合直接生食，熟食的风味和色泽都较差。

向日葵墨西哥饼

材料：

向日葵苗、番茄丁、水煮蛋切块、酸黄瓜酱、墨西哥饼皮

做法：

1.墨西哥饼皮加热后放凉。

2.将材料全部夹在墨西哥饼皮里，卷起来即可。

些微日照组

萝卜缨

劲爆小炸弹

得知萝卜缨就是萝卜的幼芽时，不禁细细端详起萝卜缨的嫩芽，想不到如此纤细的身段，居然能够生长出硕大饱满的萝卜，真是奇妙！

萝卜缨小档案

栽种难易度：★

学　　名：	*Raphanus sativus*
科　　别：	十字花科
食用部分：	全株
适合容器：	可盛土、深度为2cm以上的容器
浸　　种：	20℃以下6h，25℃以上2～4h
催　　芽：	不需要
生长特性：	一次采收
适合介质：	土栽、水培均可

吃下第一口萝卜缨，辛辣刺激的劲爆感，在胃里久久不散！可以感觉，它正在分解胃部的脂肪，不过我的早餐吃得过于清淡，萝卜缨反倒令我无福消受。一般人对芽菜的印象，是清淡健康的饮食，不过对于萝卜缨这种具有刺激风味的芽菜，油腻的食物才能将它的美味展露无疑！

用一点培根把山药和萝卜缨卷在一起，就是一道豪华又美味的餐前菜。或者在奶油培根面里撒一把萝卜缨，原本油腻的食物，马上变得清爽无比。不习惯生吃的辣味，也可以加热料理，无损其美味。

绿手指妙方

种子处理

萝卜缨的种子，一般质量都不错，很少有虫蛀或其他问题。使用前只要将破碎以及太小的种子挑除，用清水清洗一遍，去除浮在水面上的不良种子，再用10倍的清水浸泡一夜，第二天将水倒掉后开始播种。

栽种要点

土栽或水培都可以，不过作为芽菜栽培时，水培比较方便管理。

成长手记 Day by Day

Day1

天气暖和时，种子浸泡一天就会开始发芽，此时要放阴暗处或加盖遮阴，发芽才会整齐。

Day2

土栽和水培生长速度差不多。水培早晚要淋水一次，土栽则保持土壤湿润即可。

Day3

大部分新芽都站立起来时，就可以不必加盖，开始接受光线绿化。

Day4

叶子张开了，高度3cm左右。

Day5

已经可以采收了，水培的萝卜缨只要直接取下容器，洗去脱落的种皮即可食用。

Day6

土栽的萝卜缨长得比较茁壮，水培的比较纤细，但滋味差不多，都很辣！

采收喽～口感初体验

很少有芽菜的口感像萝卜缨一样让人永生难忘！剪除芽菜的根部，从叶子啃食到嫩茎，愈来愈明显的辛辣直逼味蕾，随着吞下去的过程，温温辣辣的后劲也逐渐加强。所以，提醒怕辣或是肠胃不好的人，不要一次食用太多，少量即可增添风味。

私房料理

萝卜缨培根卷

材料：

培根、山药、萝卜缨

做法：

1.培根煎熟后，用纸巾拭去多余油脂，切成两半备用。

2.包入山药及萝卜缨，卷起来用牙签固定即可。

微日照组

空心菜

胜利的手势

成熟的空心菜，特色在于一根到底的茎部；当成芽菜来栽培时，却意外发现新生嫩叶呈现特殊的V字形（胜利的手势），可爱的模样让人心情雀跃了起来。

空心菜小档案

栽种难易度：★★

学　　名	*Ipomoea aquatica*
科　　别	旋花科
别　　名	蕹菜
食用部分	嫩茎、叶
适合容器	土栽用可盛土、深度为2cm以上的容器，水培可用沥水篮、小型滤网
浸　　种	20℃以下12～24h，25℃以上8～10h
催　　芽	需要
生长特性	一次采收
适合介质	土栽、水培均可

自从发现水培的空心菜芽，吃起来和土培的一样美味，而且栽培起来更容易之后，已有许久不在院子里栽种空心菜了。倒也不是土栽不易栽种，而是想改种其他蔬菜时，得费好大的劲才能将土壤里纠缠的根清除干净。遇上久旱不雨的夏天，水分不足吃起来口感也差，反而不如生食熟食皆宜的芽菜美味。

但是露地栽培可重复采收，如果栽培环境适宜、水源充足，不但种起来轻松而且产量丰富。由此可见，没有一种植物的栽培是绝对容易或困难的，需视现有环境而定。

绿手指妙方

种子处理

先将不良种子挑除，清水清洗后，用10倍的清水浸泡一夜，第二天将水倒掉然后换水再泡。泡到壳看起来有点裂缝，两天左右，再让种子微微浸在水里。

栽种要点

1. 全年皆可在室内生长，但20℃以下发芽缓慢，夏天生长较迅速。
2. 空心菜喜欢湿润的土壤，也可以生长在水池或沼泽，因此可用水培的方式栽培。
3. 绿叶尚未长出之前，每一天都要替种子换水，以免发臭。叶子长齐后，底盘水量须保持1cm，不足就加水。

成长手记 Day by Day

Day1

已经浸水2天，种皮开始裂开。

Day2

保持种子湿润，可让种子微微浸在水里，不需遮阴。

Day3~4

开始发芽了，低温使得种子的发芽速度不一。

Day5

根已经有1～2cm长，此时未发芽的为不良种子，要挑出来丢弃，以免发臭。

Day6~7

弯曲的新芽已经清晰可见，接触到光线后开始变绿。

Day8

叶子正从壳里挣脱出来，此阶段就可以移到有阳光的窗口边了。

Day9

叶子生长出来之后，壳就会掉落在水里，因此每天换水时要顺手清除干净，以免影响水质。

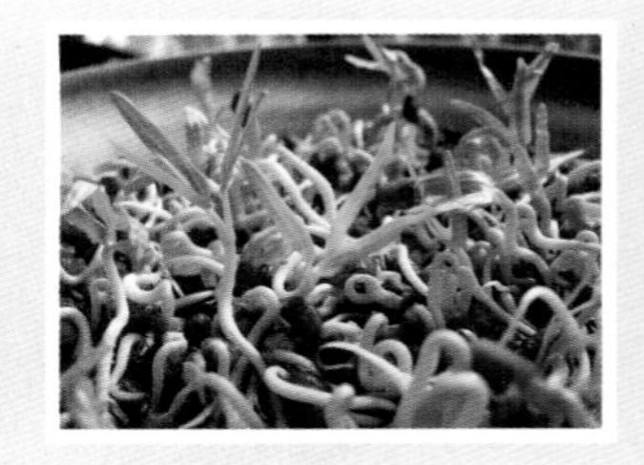

Day10

叶子会向着光线生长，有些上下颠倒的种子，也会自己调整过来，所以不必担心，只要记得保持1cm深的清水即可。

采收喽～口感初体验

V字形的叶子犹如胜利的手势，让人忍不住赶快去除硬壳、剪掉根部，大口生吃丛生的嫩茎和叶片，感受那股清淡爽口的滋味，即便熟食也毫不逊色，完全弥补了等待已久的期待！

Day11~20

叶子全部张开，变绿之后就可以采收了。

酥脆芽菜沙拉

材料：

空心菜芽、烤酥的切丁吐司、坚果、蔓越莓、橄榄油、盐

做法：

1. 空心菜芽去除根部和壳，洗净后将水分沥干。
2. 将所有材料拌匀即可。

些微日照组

蚕豆

巨人豆豆惹人爱

常作为零嘴小吃的蚕豆，却少有人看过其绿叶展开的模样。其实，形状特殊的蚕豆，所酝酿出的豆芽也同样令人期待哦！

蚕豆小档案

栽种难易度：★★

学　　名	*Vicia faba*
科　　别	豆科
别　　名	胡豆
食用部分	新芽、嫩叶
适合容器	可盛土、深度为3cm以上的容器
浸　　种	20℃以下10～12h，25℃以上6～8h
催　　芽	需要
生长特性	多次采收
适合介质	土栽

巨大的蚕豆，是我见过的最可爱的豆子！铺了满满一盘，像一群胖娃娃，乖乖地站在泥土上。等待发芽的期间，我常会靠近它们，贴着耳朵听，心想那样粗壮的新芽，撑开豆荚的那一刻，应该会发出“砰”的一声吧？要冲破那坚硬的外壳，得积蓄多少能量一鼓作气，怎么可能寂静无声？

刚发的新芽像迷你芦笋，看起来可爱迷人！每颗豆子都能重复采收许多次嫩芽，阳台栽培时可以施一点肥，豆苗还可以采收更多次。

绿手指妙方

种子处理

先将不良种子挑除，用20倍的清水浸泡一夜，夏季浸泡时间可缩短一半。第二天水会有些混浊，用清水冲洗2～3次，直到水看起来清澈，再泡4～6h即可。泡过水的豆子要再检查一次，有些碎裂的情况在干燥时不明显，泡过水就很容易发现，注意去除。

栽种要点

1. 容器内放3～5cm的培养土，将种子平铺在土上不要重叠，放在阴暗处并用锅盖或纸板盖起来，每天分早晚两次，在豆子的表面喷水保持湿润。
2. 生长期间有些外皮会自行剥落，可以将其清除。但除非是自然剥落，如果勉强剥除反而不利豆子生长，因为外壳对豆仁具有保护作用。

成长手记 Day by Day

Day1

坚硬的外壳泡了一夜水之后，皮已经有些裂开。有黑线的那端是前面，播种时圆弧形那端朝上，如果还是无法分辨，就将种子平放。

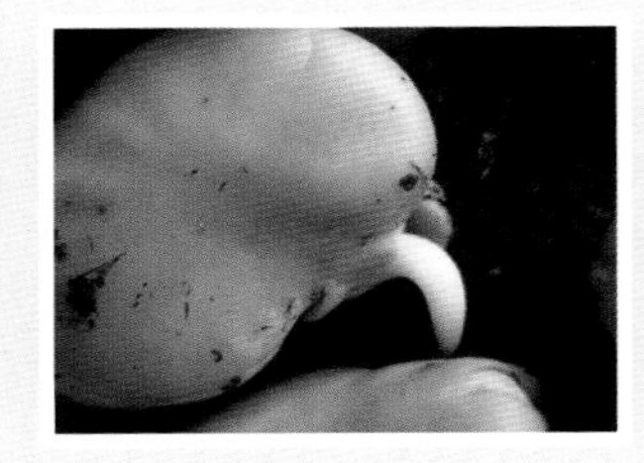

Day2

根已经长出来了，每天喷水3次保持湿润，但不要让容器积水。

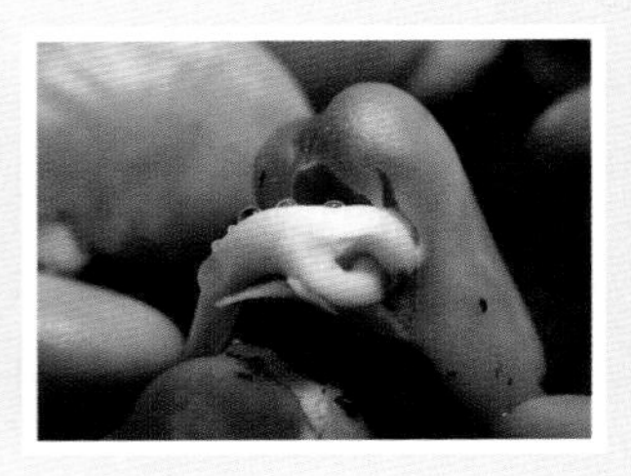

Day3

越来越长的根往土里钻了，在芽还没有长出来之前都要遮阴。

Day4

新芽已有2～3cm高，可移到明亮处，改用浇水的方式。

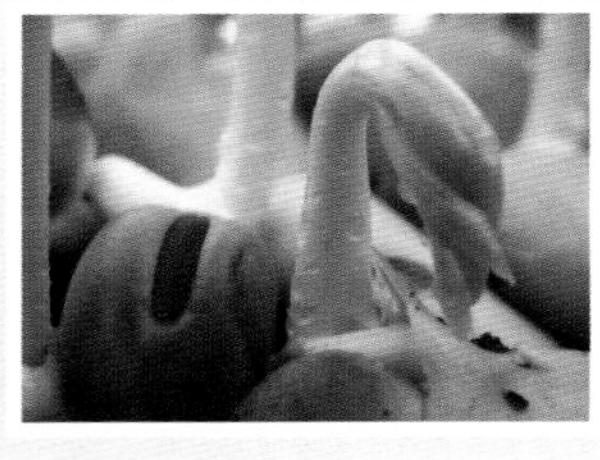

Day5

最高的新芽已有4cm，此时还没发芽的豆子为不良豆，要挑出来丢弃，以免腐烂滋生细菌。

Day6

强壮的新芽看起来非常壮观，每天以1～2cm的速度生长着。

Day7

已经有8cm高，此时顶端的叶子尚未打开，多接受一点日照，叶子会提早张开。

Day8

主根旁边明显长出细根来，此阶段的豆芽根部已经长得很健全。

Day9

这是叶子张开后的样子，新芽长到10～12cm就必须采收，不一定要等到叶子张开，未开的芽更细嫩。

Day10~15

采收的时候要像豌豆芽一样剪到底，不要留一截。采收后会再次萌芽生长。第二次的新芽会从两侧各长一枝，同样要在10cm左右采收。

采收喽~口感初体验

生长粗壮的蚕豆芽，采收时特别有成就感！不过直接生吃蚕豆芽，会有股明显的草腥味，可不是人人都能接受的，最好还是烫熟来吃才美味。此外，若有碎裂的豆子不要丢掉，可以用来煮汤，或是和其他食材一起红烧也很美味。

私房料理

蚕豆三味

材料：

蚕豆芽、蚕豆、高汤

做法：

1.将干的蚕豆泡水4h后，去皮备用。

2.一份蚕豆用盐水煮熟，另一份用油炸酥。

3.取蚕豆芽烫熟，和其他材料排入大碗中，再加入高汤即可。

些微日照组

鸡豆

外国来的花生豆

米白色外表、略带坚果香的鸡豆，光看种子就很诱人。实际上，这也是在国外常吃到的豆泥的主要食材，喜欢异国美食的话，一定要种种看！

鸡豆小档案

栽种难易度：★★★

学　　名：	*Cicer arietinum*
科　　别：	豆科
别　　名：	埃及豆、鹰嘴豆
食用部分：	土栽只采收嫩芽，水培可连豆仁一起食用
适合容器：	土栽用可盛土、深度为3cm以上的容器，水培可用保鲜盒、沥水篮、玻璃瓶罐
浸　　种：	20℃以下6h，25℃以上2～4h
催　　芽：	需要
生长特性：	土栽可重复采收，水培采收一次就要重新播种
适合介质：	土栽、水培均可

因为胃肠不好常常胀气，听说鸡豆有助于改善胃肠，且滋补养颜，绿色的叶子还含有丰富的钙，对儿童的牙齿很好，如此的食物非得尝一尝不可。

买回来的干豆可以先浸一夜水，喜欢吃短芽的可以先催芽，通常第二天便会发芽。发了芽的豆子用盐水煮熟，松软的口感很像水煮花生。新长出来的嫩芽，有着毛茸茸的触感，美丽的羽状叶片，形态很特别。如果一次的收获量不多，不妨搭配其他食材一起食用，不论是煮汤还是红烧，都非常有营养。

绿手指妙方

种子处理

先将不良种子挑除，用清水清洗过后，再用20倍的清水浸泡一夜。第二天水会有些混浊，此时要用清水冲洗2～3次，直到水看起来清澈，再将水倒掉，将种子放到阴暗处开始催芽。

栽种要点

1. 鸡豆的种子容易腐坏，气温25℃以上时，可在冰箱底层的蔬果箱中栽培。低温的状态下，可以早晚淋水一次，浇水时务必要淋透，才能去除表面的混浊物。
2. 鸡豆本身很容易产生气味，加上易腐烂的特性，天气暖和的时候会引来果蝇。因此在意蚊蝇的人，建议水培短芽食用最好。

成长手记 Day by Day

Day1

浸泡一天之后，芽点清晰可见，要先放在阴暗处栽培。

Day2

发芽了！水培要每天淋水3~4次，像给豆子洗澡一般，淋到水清澈为止，但要小心避免根系受损。若选择土栽，此时便要移到培养土上。

Day3

根越来越长了，大约有1cm。

Day4

鸡豆的种子有一层透明的外皮，水培时像这样就可以采收了。

Day5

土栽的鸡豆长出弯曲的新芽，就不必再遮阴，可移到明亮处。但因容易腐烂，每天都要检查，将腐烂的豆子挑出。

Day6

整齐笔直的新芽，像一枝枝芦笋。

Day7

接受日照之后，叶子由黄变绿了。

Day8

第一次栽培的鸡豆，到底会长出什么样的叶子呢？真令人期待！

Day9

刚伸展开来的羽状叶子，真是美极了。

Day10 以后

新芽长得太高会不好吃，所以大约8cm就要采收，用剪刀剪到底，会再次发芽。

采收喽～口感初体验

可水培可土栽的鸡豆，采收时机略有不同。水培只要等到种子发芽就可采收，但因淀粉较多且有生豆味，一般多作为熟食；土栽时仅采收嫩芽，嫩芽吃起来口感厚实滑润，生吃或熟食都适合。

鸡豆浓汤

材料：

短芽的鸡豆、洋葱、迷迭香少许、橄榄油、黑胡椒、盐

做法：

1.洋葱切丁，用橄榄油先炒香。
2.所有材料一起放入，炒出香味。
3.用果汁机打碎后，再入锅煮沸并调味。

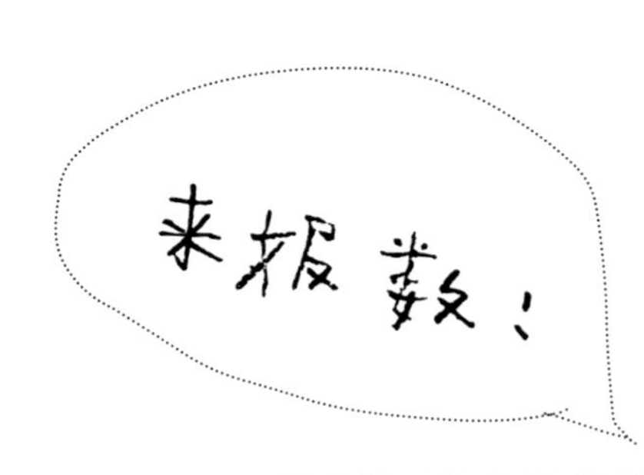
来报数！

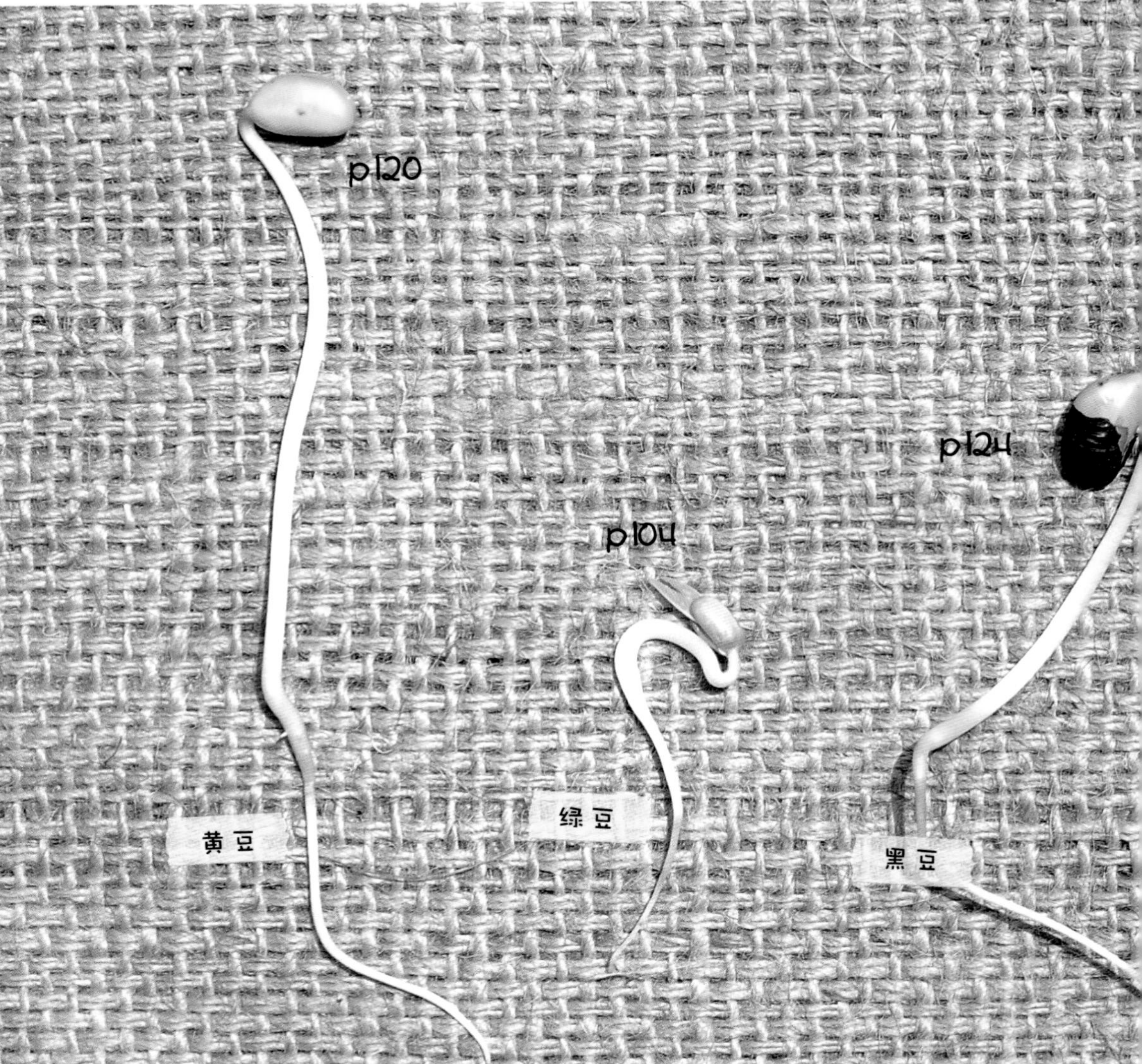
p120
p124
p104
黄豆
绿豆
黑豆

无日照组

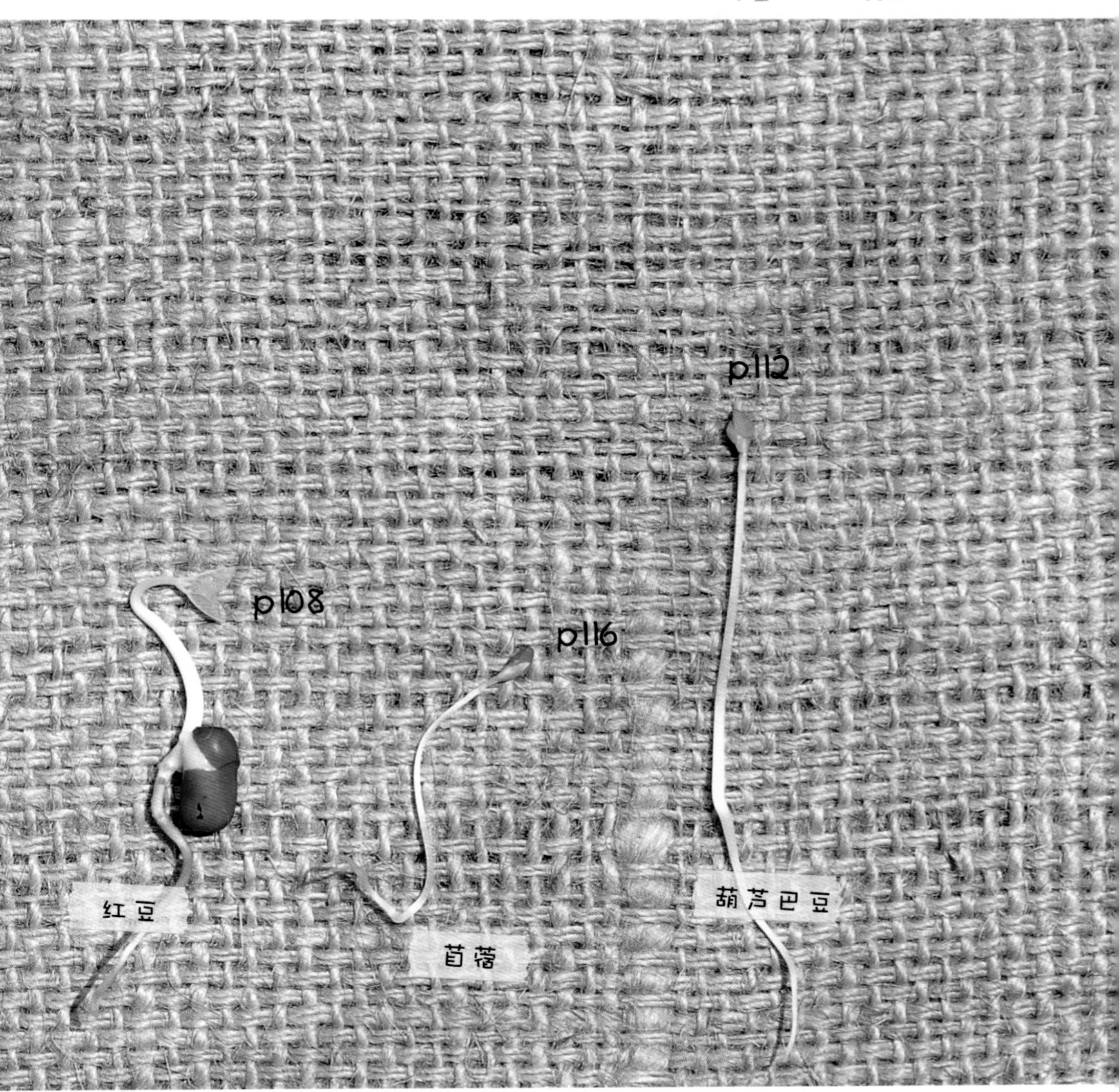

无日照组

绿豆

平民小豆芽

很多人小学时都试过发绿豆芽，可是，想栽培出美味的绿豆芽，却需要一些小技巧，可都是学校没教的事哦！

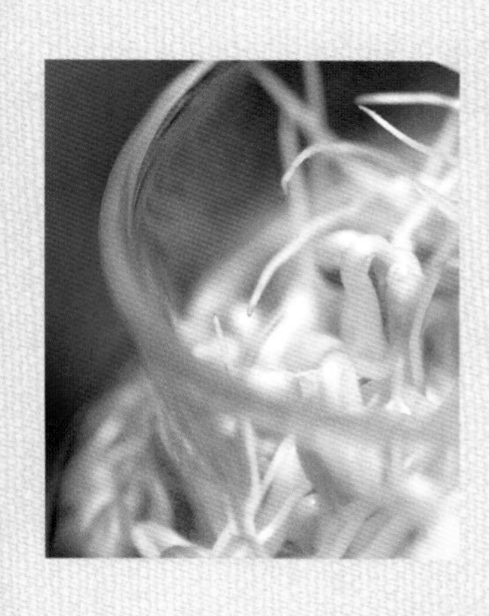

绿豆小档案

栽种难易度：★

学　　名	*Vigna radiata*
科　　别	豆科
食用部分	全株
适合容器	保鲜盒、沥水篮、玻璃瓶罐
浸　　种	20℃以下10～12h，25℃以上6～8h
催　　芽	不需要
生长特性	一次采收
适合介质	水培

记得第一次栽培绿豆芽，是在很久以前……凭借着小学的记忆，用湿棉花孵着满满一排鲜绿的豆芽菜，看起来很美，吃起来却很苦，而且口感粗糙。女儿半开玩笑说，妈妈把家人当马来养！

虽然说苦味对健康无害，但总是不美味，想要栽培出好吃的豆芽菜，水分一定要够，温度低一点，虽然长得慢，可是苦味少，生食口感也很好。炎热的夏天食用绿豆芽，不但清爽降火气，还可以获得大量的维生素。

绿手指妙方

种子处理

1. 购买栽培用的绿豆或有机绿豆，而不是食用的毛绿豆，毛绿豆的发芽情形不佳，口感也会比较苦。
2. 同样要将不良种子挑除，用清水清洗一遍后，再用20倍的清水浸泡一夜。绿豆的生长非常快速，通常浸泡一夜后，外皮便会微微裂开甚至发芽。

栽种要点

1. 夏天时可在冰箱底层栽培，除了好吃之外，也不会有因高温而腐烂或细菌滋生的问题。生长期间，每天要用清水轻柔地浇水3次，过强的水流会使新芽断裂，影响生长。
2. 栽培期间千万不能接触到光线，不然吃起来苦味会较重。

成长手记 Day by Day

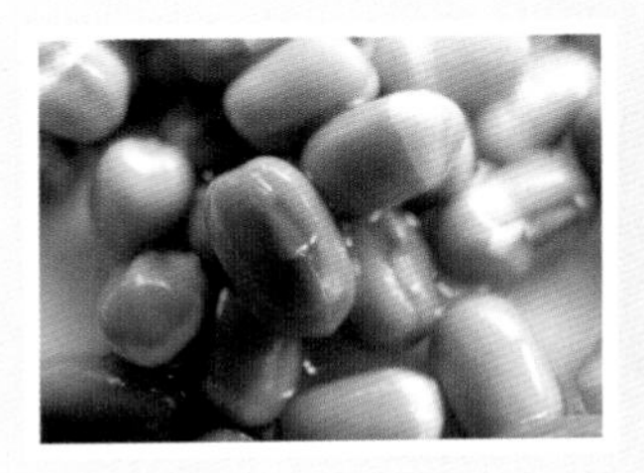

Day1

浸泡一夜后，外皮已经微微裂开。

Day2

通常第二天就会全数发芽，除非是13℃以下的低温，或是不新鲜的种子。

Day3

此时仍未发芽的为不良豆，要将之拣出以免腐烂，影响其他的豆芽。

Day4

外皮开始脱落，所以每次加水的时候，可将豆芽泡在水里再捞起来，让脱落的外壳跟着水倒掉。

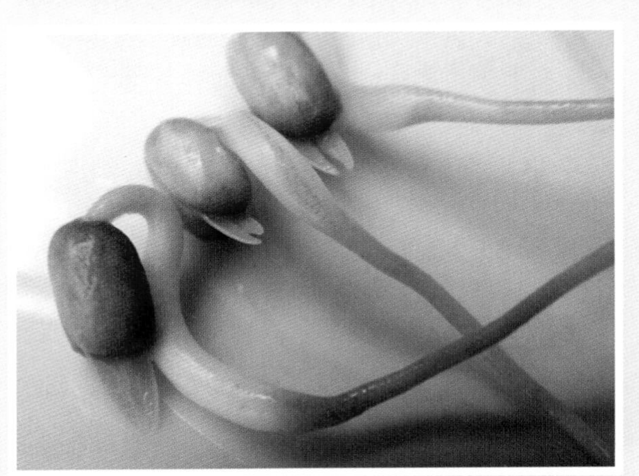

Day5

长到5cm左右是最佳的食用期，此时豆芽的茎短胖，吃起来口感最好。

采收喽～口感初体验

水培的绿豆芽，采收时可直接连根拔起，短小弯曲的豆芽，包含豆仁和茎部都可以直接食用，料理时不妨多花一些巧思，不管拌面拌饭或做成开胃小菜都适合。此外，若是低温栽培的绿豆芽甘甜爽脆，夏季或高温栽培的苦味较明显。

Day6

务必要采收了！不然就要放在冰箱里延缓生长，但还是要尽早食用，不要让茎变得瘦长。

绿豆芽辣拌饭

材料：

绿豆芽、泡菜、九层塔或青葱、米饭一碗

做法：

1.泡菜切丝、绿豆芽烫熟后拌在一起。

2.所有材料铺在米饭上即可。

无日照组

红豆

会上瘾的爽脆感

色泽饱满亮丽的红豆，甜腻绵密，是甜食的最佳主角。当成芽菜栽培时，嫩芽从豆仁抽出，让人惊艳不已，不禁开始怀疑这是我认识的红豆吗？

红豆小档案

栽种难易度：★

学　　名	*Aburs precatorius*
科　　别	豆科
食用部分	土栽只采收嫩芽，水培可连豆仁一起食用
适合容器	土栽用可盛土、深度为3cm以上的容器，水培可用保鲜盒、沥水篮、玻璃瓶罐
浸　　种	20℃以下10～12h，25℃以上6～8h
催　　芽	需要
生长特性	一次采收
适合介质	土栽、水培均可

天气寒冷的时候，常常会想喝上一碗热腾腾的红豆汤，有天在挑红豆的不良种子时，一时心血来潮，想试试栽培市面上没见过的红豆芽，没想到吃了还会上瘾呢！

自己种的红豆芽，可以连芽带种子切碎，加点肉馅、胡萝卜及芹菜等配料做成饼，调点酱汁还挺下饭。或者等新芽长到10cm左右再剪下来，用沸水迅速烫一下，吃起来爽脆，是属于纤维较多的芽菜。

绿手指妙方

种子处理

1.只要是新鲜的红豆都很容易发芽，所以也可从食用红豆挑出肥大饱满的豆子，作为栽培豆芽的种子。

2.红豆的种子很硬，所以泡水的时间要一天左右，第二天早晚要记得换水，浸泡到外皮裂开为止，会较快发芽。

栽种要点

栽培期间浇水要充沛，像给豆子洗澡那样给水，一天3～4次，可稍稍浸个3～5分钟，让豆芽多吸收水分再将水倒掉。

采收叮咛

想食用细嫩的豆芽，栽培期间尽量避免接触到光线，不然吃起来纤维会有粗糙感。喜欢吃绿叶的话，只要在食用前，将豆芽放在室内明亮的地方，1～2h就会变绿。

成长手记 Day by Day

Day1

红豆的种子比较硬，要浸泡一天，外皮才会微微裂开。

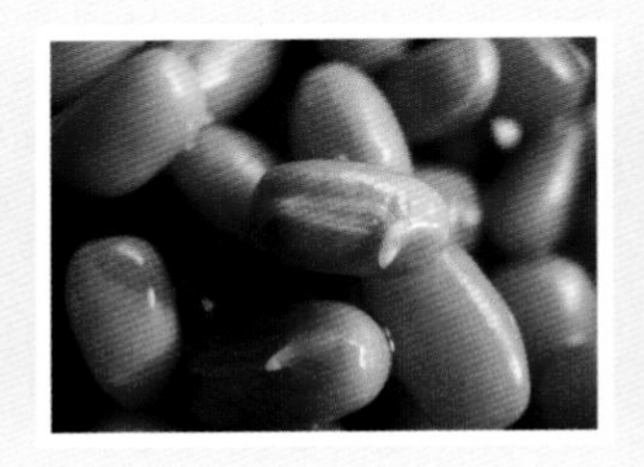

Day2

发芽了，如果是冬天的话还会晚个1～2天。如果采用土栽的话，此时就要铺在培养土上。

Day3

根越来越长，已经有1cm长了。

Day4

种子发芽的速度还蛮一致。

Day5

弯曲的新芽有1cm，使用水培新芽会很短。

Day6

水培时，新芽2～3cm便要采收。此时的食用方式，是要连豆仁一并料理，不过要煮熟食用，才不会消化不良。

Day7

因为是以遮阴的方式栽培，所以叶子是黄色的。

Day8

土栽的豆苗可以长到10cm左右，此时就可以采收了。

Day9

一旦不遮阴，只是日光灯也会让豆苗变绿。

采收喽～口感初体验

土栽的豆芽长得较粗壮，通常长到8cm以上，就可以采收了！刚采收下来的嫩芽，有淡淡的草腥味，生吃起来不算好吃。若简单烫过后，纤细的嫩芽会带着清爽微甜的滋味，让人吃了还想再吃呢！

私房料理

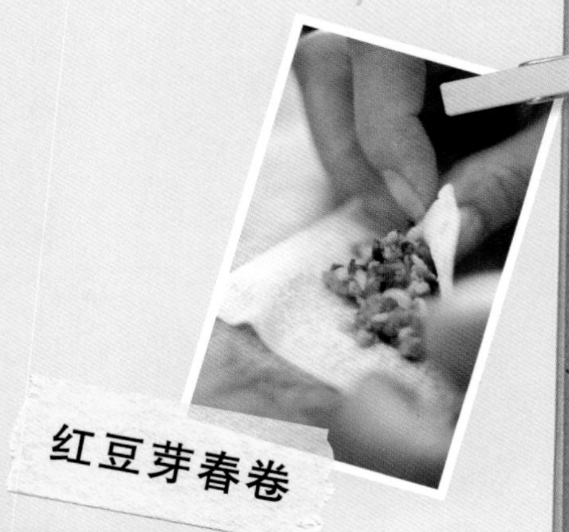

红豆芽春卷

材料：

红豆芽、香菜、芹菜、豆酥、肉馅、馄饨皮、白胡椒、盐、香油

做法：

1. 将红豆芽、豆仁、香菜和芹菜切细，所有材料搅拌均匀。
2. 用馄饨皮包起来，开口的部分务必用蛋汁或水粘紧。
3. 入锅油炸至金黄色即可。

无日照组

葫芦巴豆

熟悉的咖喱香料

属于香辛料的葫芦巴豆，是咖喱香料的原材料之一，略带暖甜的种子香气，把人带进了热带食物中层次丰富的世界里。

葫芦巴豆小档案

栽种难易度：★★

学　　名：*Trigonella foenumgraecum*
科　　别：豆科
食用部分：全株
适合容器：茶杯、保鲜盒、高度为8cm左右的玻璃瓶罐
浸　　种：20℃以下10～12h，25℃以上6～8h
催　　芽：需要
生长特性：一次采收
适合介质：水培

提起葫芦巴豆，可能很多人都觉得很陌生，其实这可是咖喱的主要材料之一。干燥的葫芦巴豆种子具有浓郁的芳香，仔细闻还带点中药的苦味。种子的外形像是放大版的苜蓿，生长的习性和口感也和苜蓿很接近，唯一不同的是气味。葫芦巴豆的芽菜有股香气，很适合在夏天食欲不振的时候当成沙拉来食用，吃完后会让人神清气爽。

葫芦巴豆属于辛香料种子，因此价格并不便宜，但是作为芽菜栽培时，只要少许种子，就可以采收为数不少的芽菜，算起来还是很经济的。

绿手指妙方

种子处理

先将不良种子挑除，用20倍的清水浸泡一夜，第二天水会有些起泡，再用清水冲洗2～3次，直到水变清澈，就可将水倒掉，将种子放在阴暗处催芽。

栽种要点

1.栽培期间浇水要充沛，像给豆子洗澡那样给水，一天约3次，然后再将水倒掉。
2.葫芦巴豆是属于有苦味的芽菜，因此在栽培时要遮阴到采收为止，不见光可以减少苦味。一旦接受光线照射，生长就会变慢，叶子也会长得浓绿且厚实，当然苦味也会更加明显。如不食用，也可当成小盆栽观赏，只是要记得在底盘留0.5cm的清水，夏天要每天换水。

成长手记 Day by Day

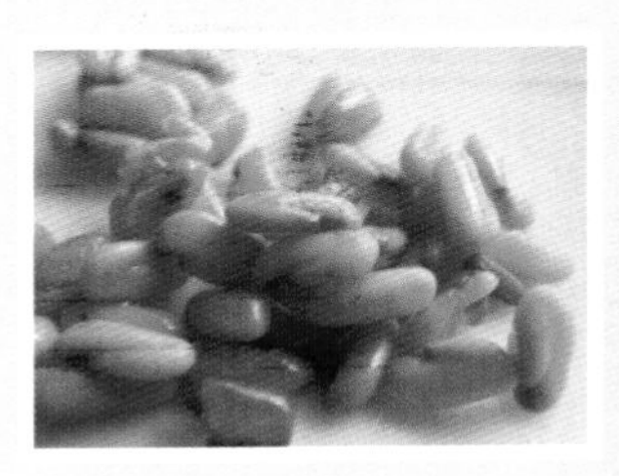

Day1

给水的时候泡沫会很多，可以轻轻搅动一下，用这样的方式将豆子表面洗干净。

Day2

此时泡沫应该会越来越少，而且也已经开始发芽了。

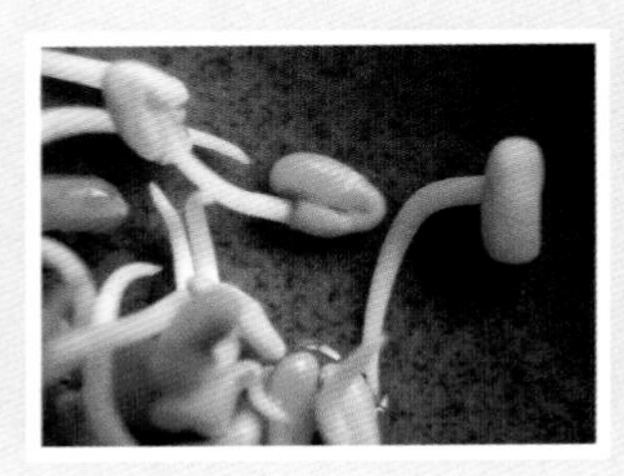

Day3

已经有1cm长了，一旦发芽之后就会生长得很快。

Day4

每天以1～2cm的速度快速生长着。

Day5

此时葫芦巴豆尚未脱壳。

Day6

因为浇完水后，忘记放到阴暗处，一下子就变绿了，这时已经可以采收食用。

Day7

一边长高一边脱壳的豆子，非常可爱。

Day8

不怕苦味的，可以栽培到像这样的绿颜色后再食用。

采收喽～口感初体验

可连根拔起的葫芦巴豆芽，闻起来具有辛香料的气味，直接生吃时细嫩的茎部会带来清爽的口感，等咬到豆子才会有明显的香气，突来的刺激，让嘴里的味道丰富了起来，很适合作为沙拉食用。

豆芽烧肉卷

材料：

葫芦巴豆芽、鸡腿肉、米饭、越南米皮、泰式酸辣酱

做法：

1.把越南米皮放在竹卷上，用冷开水打湿备用。
2.鸡腿肉煎熟，切条。
3.所有材料铺在米皮上卷起来。
4.食用时，可蘸上些许泰式酸辣酱。

无日照组

苜蓿

传说中的精力好料

每次吃苜蓿芽总有种啃食牧草的错觉，那瞬间好似化身成牛了……吃多了，也渐渐懂得体会苜蓿专属的草味，犹如置身于纯净无染的自然原野。

苜蓿小档案

栽种难易度：★★

学　　名：	*Medicago sativa*
科　　别：	豆科
食用部分：	全株
适合容器：	高度为8cm以下的容器、小型沥水篮、滤网
浸　　种：	20℃以下10～12h，25℃以上6～8h
催　　芽：	需要
生长特性：	一次采收
适合介质：	水培

苜蓿是我第一个栽培的芽菜，那时正流行精力汤，而苜蓿又是其中颇具分量的材料，因此是很热门的生食芽菜。有关苜蓿的营养介绍不胜枚举，听起来几乎可以治百病，一直到我发现，饮食过与不及都不好，经常大量食用同一种食物，营养终究会失衡。

撇开苜蓿的营养不谈，其实我还挺喜欢苜蓿细嫩多汁的嫩芽，特别是冰过之后的苜蓿芽，很适合搭配起司、吐司、黑芝麻酱。因为燥热的芝麻酱，正好可以中和寒性的苜蓿芽，对我这种胃寒的人，堪称是完美的营养早餐。

绿手指妙方

种子处理

苜蓿的种子非常细小，因此不需经过选种，可直接泡一夜水。第二天将浮在水面上的种子倒掉后，用清水冲洗2～3次，直到水看起来清澈，就可将水倒掉，将种子放在阴暗处。

栽种要点

1.苜蓿不喜欢高温，因此夏天可栽培在冰箱底层的蔬果箱，每天早晚拿出来浇水。也可用细网袋当做栽培容器，照顾起来非常方便且节省空间。
2.栽培期间浇水要充沛，像给种子洗澡那样轻轻淋水，一天2～3次，然后再将水倒掉。

采收叮咛

1.苜蓿芽食用前通常不需经过绿化，因为绿化过的芽菜，吃起来口感会有一点点的苦味。
2.长到适当大小就要直接采收，否则就要保存在冰箱里，减缓苜蓿的生长，最好尽早食用。

成长手记 Day by Day

Day1

泡一夜水后，可放入预定栽种的容器内，置于阴暗处或纸箱内隔绝光线。

Day2

已经开始冒出短短的芽了。

Day3

新芽已经有1cm长了。

Day4

大约有2cm高，发芽后的苜蓿，很快就会开始脱壳。

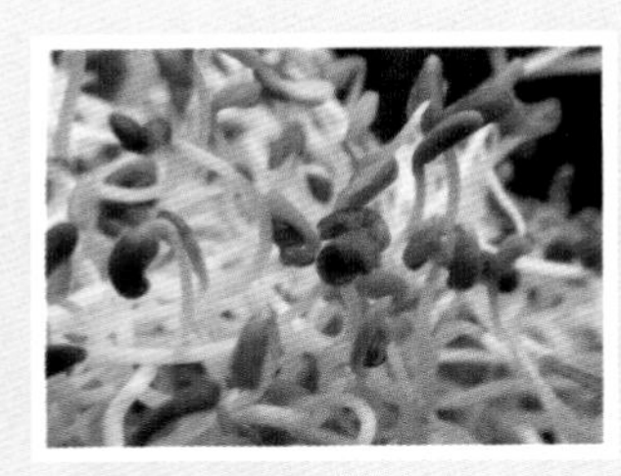

Day5

已经有4cm长，喜欢吃短芽的，可以开始采收一部分，以免一次采收太多吃不完。

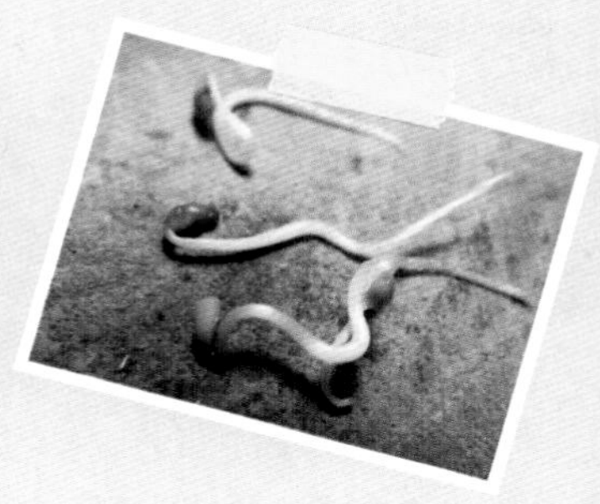

Day6

壳脱落之后，叶子便会开始陆续张开。

Day7

嫩叶接触光线会变绿哦！不怕苦味的话，绿叶吃起来也别有一番滋味。

采收喽～口感初体验

刚发出短芽的苜蓿，还带有一点豆仁，吃起来还咬得到微微的脆度。若是等到嫩叶长出的采收期，就要专注于品味茎部的细嫩多汁，尤其冰镇过的口感，更是令人难忘！

苜蓿三明治

材料：

苜蓿芽、吐司三片、黑芝麻酱、起司片

做法：

1. 吐司先涂上黑芝麻酱，放上苜蓿芽。
2. 第二层放起司片后，再放第三片吐司。
3. 用牙签固定，切成三角形。

无日照组

黄豆

挑战豆中之王

被称为经济粮食之一的黄豆，所衍生加工的豆类制品繁多，实际栽种后才发现，骄纵有个性的黄豆，不是轻易就能种植成功的，想吃到新鲜的豆芽可要加把劲！

黄豆小档案

栽种难易度：★★★

学　　名：	*Glycine max*
科　　别：	豆科
别　　名：	大豆
食用部分：	全株
适合容器：	排水良好的沥水篮或滤网
浸　　种：	20℃以下6h，25℃以上2～4h
催　　芽：	需要
生长特性：	一次采收
适合介质：	水培

经过好几次的失败，才终于让餐桌上出现黄豆芽！短短的豆芽虽然只有5～7cm，豆仁也比市售的黄豆芽小了许多，却有一股浓浓的黄豆香，用盐水煮熟后的豆仁，吃起来有点像是嫩花生，想不到美味也可以如此简单！

黄豆芽同时也是素高汤里不可缺少的材料，搭配些许海带、胡萝卜和玉米，既清爽又美味，还可以完整摄取黄豆的营养。由于豆类多半不适合生食，因此要煮熟后再食用，这样除了美味之外，也比较容易消化。

绿手指妙方

采收叮咛

自己栽培的黄豆芽，外表看起来不够白净或者有一点斑点是正常现象，不会有怪味或酸味。

种子处理

1.黄豆是蛋白质含量很高的豆类，因此特别容易腐烂，尤其是夏天高温的情况下，栽培时要特别注意。

2.种子浸泡2～4h即可进行催芽，清洗时有一点泡沫是正常的，如果泡沫很多，就有可能是不发芽的豆子。

栽种要点

1.刚发芽的黄豆，根部非常脆弱易断，最好使用可沥水的容器来栽培，可避免因为浇水造成豆子被水流搅动而产生碰撞。

2.夏天可以在冰箱的底层栽培，低温的豆芽除了好吃之外，也不会有因高温而腐烂或滋生细菌的问题。

成长手记 Day by Day

Day1

种子浸泡后将水倒掉，置于阴暗处催芽。

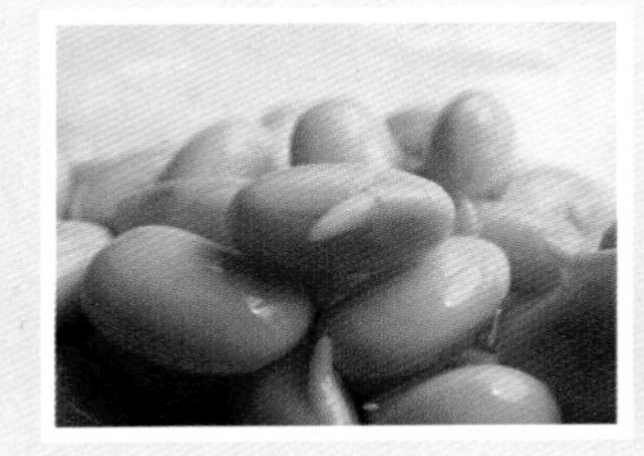

Day2

天气暖和时，新鲜的豆子通常第二天就会发芽。头两天豆子的表面温度会升高，因此尽可能多浇几次水，避免产生异味。

Day3

此时仍未发芽的为不良豆，要将之剔除以免腐烂，影响其他的豆芽。

Day4

栽培期间不能接触到光线，即使是日光灯也会让豆芽变绿，浇过水就立刻盖起来。

Day5

豆芽的根穿过了孔隙，长满了整个沥水篮。

Day6

长到5～7cm是最佳的食用期，此时豆芽的茎短胖，吃起来口感最好。

采收喽~口感初体验

Day7

食用前需用水清洗，将外皮除去。

采收黄豆芽有两个时期，一是刚发芽的时候，可直接拿来作为熟食料理；等到芽菜长高时，较能吃到茎部的清脆口感，又是另一个采收时机。不过豆芽生吃会有一股浓浓的生豆味，熟食比较美味。

私房料理

蒜味黄豆芽

材料：

黄豆芽、海盐、蒜泥

做法：

1.水煮沸后，加入海盐将黄豆芽迅速烫熟。

2.加入蒜泥，均匀拌开即可。

无日照组

黑豆

少见的黑帽豆子

顶着黑色种子的豆芽，在有限的容器空间中排列整齐,以童心未泯的眼光看像不像是一片黑森林呢?

黑豆小档案

栽种难易度：★★★

学　　名：	*Glycine max* var.
科　　别：	豆科
食用部分：	全株
适合容器：	排水良好的沥水篮或滤网
浸　　种：	20℃以下6h，25℃以上2～4h
催　　芽：	需要
生长特性：	一次采收
适合介质：	水培

吃到黑豆芽的那一刻，也许是失败太多次，有一种特别的感动！

因为连续买了好几次的豆子，不是发芽情形非常差，就是发了芽却生长不良。在失败的过程中，也不断尝试各种栽种方法，才发现黑豆的新芽非常容易断裂，或因水流搅动而受伤，因此只适合用滤网来栽培。

初次尝试栽种的你，一定要选用新鲜的种子和适当的容器，才能一尝这少见的黑豆芽。

绿手指妙方

种子处理

1.属于较难发芽的豆类，因此务必购买新鲜的黑豆。

2.黑豆和黄豆都是蛋白质含量很高的豆类，因此特别容易腐烂，栽培时要特别注意。种子浸泡2～4h即可进行催芽，清洗时有一点泡沫是正常的，如果泡沫很多，就有可能是不发芽的豆子。

栽种要点

刚发芽的黑豆，根部非常脆弱易断，因此要使用漏勺之类的容器来栽培，如此可避免因为浇水造成豆子被水流搅动而产生碰撞。

采收叮咛

黑豆的外皮通常不会自行脱落，因此在食用前要记得剥除。去皮后的豆仁食用起来口感才好。

成长手记 Day by Day

Day1

浸泡后将水倒掉，置于阴暗处催芽。

Day2

天气暖和的时候，新鲜的豆子通常第二天就会发芽。

Day3

想不到黑豆的豆仁是绿色的吧！此时仍未发芽的为不良豆，要将其剔除以免腐烂，影响其他的豆芽。

Day4

长出粗壮的茎了，此时可以换成玻璃或其他容器，栽培在冰箱中节省空间。

Day5

使用有孔的容器时，根部会穿过孔隙，支撑茎部而站立起来。

Day6

茎越来越长，长到5cm左右是最佳的食用期。采收时连根拔起。

无日照组

采收喽～口感初体验

黑豆芽生吃会有股生豆的味道，一般烫熟食用。在黑色的外皮之下，藏着绿色的豆仁，无论是看起来还是吃起来，都与毛豆相似。但因绿色的豆仁有点硬，料理时间可以稍久一点，水滚后再煮个三五分钟口感较佳。

Day7

放任豆芽一直生长，茎就会变得细长，口感也会变差。

私房料理

黑豆芽小菜

材料：
黑豆芽、樱花虾、蒜末、辣椒
做法：
将黑豆芽烫熟，樱花虾炸酥，所有材料拌匀即可。

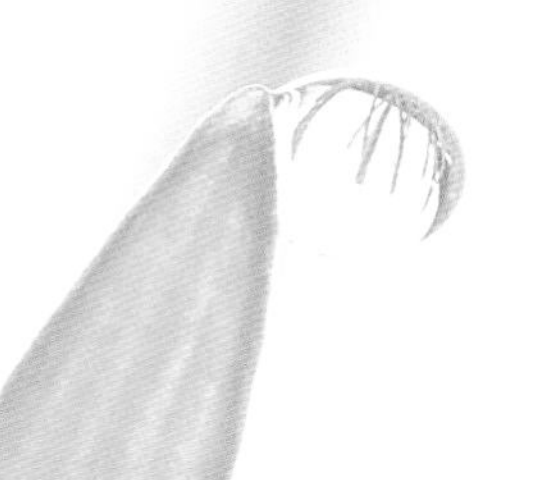

10天采收懒人芽菜园

好吃好玩

种子盆栽

图书在版编目（CIP）数据

好吃好玩种子盆栽 / 董淑芬著. —郑州：河南科学技术出版社，2011.
ISBN 978-7-5349-4724-7

Ⅰ. ①好…　Ⅱ. ①董…　Ⅲ. ①盆栽-观赏园艺　Ⅳ. ①S68

中国版本图书馆CIP数据核字（2010）第198154号

出版发行：河南科学技术出版社
　　　　　地址：郑州市经五路66号　邮编：450002
　　　　　电话：（0371）65737028　65788613
　　　　　网址：www.hnstp.cn
策划编辑：李　洁
责任编辑：王亦梁
责任校对：李淑华
责任印制：朱　飞
印　　刷：北京盛通印刷股份有限公司
经　　销：全国新华书店
幅面尺寸：168 mm×230 mm　印张：8　字数：120 千字
版　　次：2011年8月第1版　2011年8月第1次印刷
定　　价：28.00元

如发现印、装质量问题，影响阅读，请与出版社联系。